中国学术思想史

中国天学思想史

江晓原 汪小虎 著

南京大学出版社

南京大学人文社会科学“九八五工程”重大项目
中　共　江　苏　省　委　宣　传　部

资　助　出　版

目 录

第一章

绪 论

本章仅概述中国古代天学思想之相关概念数端，这些概念为理解本书要旨所必需。至于各概念之意义及详细论证，请见以后各章。

第一节 天文·天学·天文学

“天文”一词，今人常视为“天文学”之同义语，以之对译西文astronomy一词，即现代科学意义上的一门学科。然而，古代中国“天文”一词含义并非如此。中国古籍中较早出现“天文”一词的有《易经》。《易·贲·彖》云：

观乎天文，以察时变；观乎人文，以化成天下。

又，《易·系辞上》云：

仰以观于天文，俯以察于地理。

由此可见，“天文”与“人文”“地理”等词在古代语境中对举，其意皆指“天象”，即各种天体交错运行在天空中所呈现之景象。这种景象又可称为“文”。《说文》九上：“文，错画也。”“天文”一词正用此义。兹再举稍晚文献中，更为明确之典型用例二则，以佐证说明。《汉书》卷九十九《王莽传下》：

十一月，有星孛于张，东南行，五日不见。莽数召问太史令宗宣，诸术数家皆缪对，言天文安善，群贼且灭。莽差以自安。

张宿出现彗星，按照星占学理论，这是凶危不祥之天象，但诸术数家不向王莽如实报告，而诡称天象“安善”以安其心。又《晋书》卷十三《天文志下》引《蜀记》云：

明帝问黄权曰：“天下鼎立，何地为正？”对曰：“当验天文。往者荧惑守心而文帝崩，吴、蜀无事，此其征也。”

也以“天文”指天象，火星停留于心宿是具体事例。

“天文”既用以指天象，遂引申出第二义，用以指称仰观天象以占知人事吉凶之学问。《易·系辞上》屡言“在天成象，在地成形，变化见矣”，“仰以观于天文，俯以察于地理，是故知幽明之故”，皆已隐含此意。而最明确之论述如下：

是故天生神物，圣人则之；天地变化，圣人效之。天垂象，见吉凶，圣人象之；河出图，洛出书，圣人则之。

河图洛书是天生神物，“天垂象，见吉凶”是天地变化，“圣人”则之效之，乃能明乎治世之理。故班固在《汉书》卷三十《艺文志·数术略》“天文二十一家”后云：

天文者，序二十八宿，步五星日月，以纪吉凶之象，圣王所以参政也。

班固于《艺文志》中所论各门学术之性质，在古代中国文化传统中有极大代表性。其论“天文”之性质，正代表了此后两千年中国社会之传统看法。

“天文”在古代中国人心目中，其含义及性质既如上述，可知正是今人所说的“星占学”，应该用以对译西文 astrology。故当初以“天文学”对译西文 astronomy，恐非考虑周全之举。不过现既已约定俗成，不得不沿用。

历代官史中诸《天文志》，皆为典型星占学文献，而其取名如此，正与班固的用法相同。此类文献最早见于《史记》，名《天官书》，尤见“天文”一词由天象引申为星占学之脉络——天官者，天上之星官，即天象也，亦即天文。后人常以“天文星占”并称，正因此之故，而非如某些现代学者所理解，将“天文”与“星占”析为二物。

现代科学意义上之天文学，是否曾经从古代中国之星占学母体中独立出来？考之古代中国大量相关历史文献，答案只能是否定的；尽管古代中国星占学活动中已经使用了具有现代意义的天文学工具——事实上世界各古老文明中的星占学无不如此。

理解此事的路径之一，可如下述：中国古代虽不存在现代意义上之天文学，但确实使用了天文学工具以服务于星占学。假设有人使用电脑算命，其算命活动之性质，为伪科学无疑，不得视之为“计算机技术”也；此算命之人，亦不得视之为“计算机工程师”也。同理，今日研究中国古代相关文献及古人之相关活动，亦不必强行将星占学认定为天文学，将星占学家认定为天文学家。

基于以上所述各种情况，笔者在《天学真原》等书中，特以“天学”一词，指称中国古代“使用了天文学工具之星占学活动”，以避免造成概念之混淆。盖因古代中国天学，就其性质或功能而论，皆与现代意义上之天文学迥异，如想当然而使用“天文学”一词，即可能导致错觉，以为中国古代“使用了天文学工具之星占学活动”是现代天文学之早期形态或初级阶段，而这绝非事实——此种早期形态或初级阶段，在古代世界即或有之，也仅见于希腊。

“天学”一词之上述用法，近三十年来已渐被学术同行认同采纳。

第二节 历法真义及其服务对象

今人常言“天文历法”，但历法之用途究竟何在？ 也许有人马上会想到日历（月份牌）。历法，岂非编制日历之方法？ 此言固然不算错，但编制日历，实为历法中之极小一部分功能。

今人谈论“历法”时，其实涉及三种事物：

其一为历谱，即现今之日历（月份牌），至迟在秦汉竹简中已可见到实物。

其二为历书，即有历注之历谱，如在具体日子上注出宜忌（“宜出行”“诸事不宜”之类）。此物在先秦也已出现，逐渐演变为后世之“皇历”及清代之“时宪书”。

其三为历法，其文献通常在历代官修史书之《律历志》中保存下来。总计有约百种历法曾在中国古代行用或出现过，时间跨度近三千年。

很多学者希望中国古代文化遗产中多一些“科学”色彩，遂喜欢将中国历法称为“数理天文学”，此言亦不算错，但此“数理天文学”服务于何种对象？ 欲知此事，须先了解古代中国历法之大致情形。

欲知中国古代历法之大致情形，可以一部典型历法，唐代《大衍历》（727 年修成）为例。 它共分为 7 篇：步中朔术 6 节，主要推求月相如晦朔弦望等内容；步发敛术 5 节，主要推求七十二候、六十卦、五行用事等项；步日躔术 9 节，讨论太阳视运动；步月离术 21 节，研究月球运动；步轨漏术 14 节，研究昼夜长短、日出日入时刻等授时问题；步交会术 24 节，讨论日、月交食及有关的种种问题；步五星术 24 节，研究五大行星运动问题。

据上可知，这样一部典型历法，是一套基于天文学的特殊知识体系，其主要内容，是研究日、月和金、木、水、火、土五大行星这七个天体——古代中国称为“七政”——之运动规律；而其主要功能，则是提供推算上述七个天体任意时刻的天球位置之方法及公式。至于编制历谱，特其余绪而已。

那么古人为何要推算七政在任意时刻之位置？

长期以来，最为流行的说法，谓中国古代历法是“为农业服务”——指导农民种地，告诉他们何时播种、何时收割等等。许多学者感到此说颇能给中国古代历法增添“科学”色彩，故乐意在各种著作中递相转述。

但若细加思考，即能发现问题。姑以上述《大衍历》为例，只消做最简单之统计，就能发现“历法为农业服务”之说不能成立。

姑不论农业之历史远早于历法之历史，在尚未发明历法时，农民早就种植庄稼了，那时他们靠什么来“指导”？我们且看历法所研究之七个天体中，六个皆与农业无关：五大行星和月亮，至少迄今人类尚未发现它们与农业有任何关系；只剩下太阳确实与农业有关。但对于指导农业而言，根本用不着将太阳运动推算到“步日躔”章中那样精确到小时和分钟。事实上，只要用“步发敛”章中内容，给出精确到日的历谱，在其上注出二十四节气，即足以指导农业生产。

整部《大衍历》共103节，“步发敛”章只5节（其中还包括了若干与农业无关的神秘主义内容），换言之，整部历法中只有不足5%的内容与指导农业有关。《大衍历》为典型中国古代历法，其他历法基本上亦为同样结构，也就是说，“历法为农业服务”之说，其正确性不足5%。

那么中国古代数理天文学其余95%以上内容，究竟是为什么服务呢？答案是：为星占学服务。

因在古代，只有星占学需要事先知道被占天体之运行规律，特别是某些特殊天象之出现时刻和位置。比如日食被认为是上天对帝王之警告，必须事先精确预报，以便在日食发生时举行盛大禳祈仪式，向上天谢罪；又如火星在恒星背景中之位置，经常被认为具有险恶不祥之星占学意义，星占学家必须事先推算火星运行位置。

故中国古代之历法（数理天文学），主要是为星占学，即中国古代社会中的“政治巫术”服务。

第三节　中国古人心目中之宇宙

古人对宇宙之认识，与现代有极大不同。

“宇宙”一词，今日已成通俗词语（日常用法中往往只取空间、天地之意），其实是古代中国原有之措辞。《尸子》（通常认为成书于汉代）云：“上下四方曰宇，往古来今曰宙。”此为迄今为止在中国典籍中所见与现代“时空”概念最好之对应。

以往一些论著谈到中国古代宇宙学说时，有所谓“论天六家”之说，谓盖天、浑天、宣夜、昕天、穹天、安天。其实归结起来，真正有意义者至多仅《晋书·天文志》中所言“古言天者有三家，一曰盖天，二曰宣夜，三曰浑天”三家而已。

欲论此三家之说，先需对宇宙有限无限问题有合理认识。

国人中至今仍有许多人相信宇宙为无限（在时间及空间上皆如此），因为恩格斯曾有如此断言。然而恩格斯之言，是远在现代宇宙学科学观测证据出现之前所说，与这些证据（其中最重要之三者为宇宙红移、3K背景辐射、氦丰度）相比，恩格斯所言只是思辨结果。在思辨和科学证据之间，虽起圣人于地下，亦只能选择后者。

现代“大爆炸宇宙模型”，建立于科学观测证据之上。在此一模型中，时间有起点，空间也有边界。如一定要简单化地在“有限”和“无限”之间做选择，那就只能选择“有限”。此为现代科学之结论，到目前为止尚未被推翻。

有些论及中国古代宇宙理论者，凡见古人主张宇宙为有限者，概以

“唯心主义”“反动”斥之；而见主张宇宙为无限者，必以“唯物主义”“进步”誉之。若持此种标准以论古人对宇宙之认识，必将陷入谬误。

古人没有现代宇宙学之观测证据，当然只能出以思辨。《周髀算经》明确陈述宇宙直径为810 000里。汉代张衡作《灵宪》，其中所述天地为直径“二亿三万二千三百里”之球体，并谓：

> 过此而往者，未之或知也。未之或知者，宇宙之谓也。宇之表无极，宙之端无穷。

张衡将天地之外称为“宇宙”，但他明确认为“宇宙”为无穷——当然也只是思辨结果，在当时他不可能提供科学证据。而作为思辨结果，即使与建立在科学观测证据上之现代结论一致，亦只能视为巧合而已，更毋论其未能巧合者矣。

也有明确主张宇宙为有限的，如汉代扬雄《太玄·玄摛》中为宇宙所下定义为：“阖天谓之宇，辟宇谓之宙。”天与包容于其中之地合称为“宇”，自天地诞生之日起方有“宙”。此处明确将宇宙限定在物理性质之天地内。此种观点最接近常识及日常感觉，虽在今日，对于未受过足够科学思维训练者而言，亦最容易接纳。

若在中国古籍中寻章摘句，当然还可找到一些能够将其解释为主张宇宙无限之语（比如唐柳宗元《天对》中几句文学性咏叹），但终以主张宇宙有限者为多。

大体上，对于古代中国天文学、星占学或哲学而言，宇宙有限还是无限，并非极端重要之问题。而“上下四方曰宇，往古来今曰宙”之定义，则可以被主张宇宙有限、主张宇宙无限、主张宇宙有限无限为不可知等各方所共同接受。

李约瑟《中国科学技术史》“天学”卷中，为“宣夜说”专设一节。李氏热情赞颂此种宇宙模式，谓：

这种宇宙观的开明进步，同希腊的任何说法相比，的确都毫不逊色。亚里士多德和托勒密僵硬的同心水晶球概念，曾束缚欧洲天文学思想一千多年。中国这种在无限的空间中飘浮着稀疏的天体的看法，要比欧洲的水晶球概念先进得多。虽然汉学家们倾向于认为宣夜说不曾起作用，然而它对中国天文学思想所起的作用实在比表面上看起来要大一些。[①]

因李氏之大名，遂使“宣夜说”名声大振。从此它长期沐浴在“唯物主义”“比布鲁诺（Giordano Bruno）早多少多少年”之类的赞美歌声中。

真正在古代中国产生过重大影响及作用之宇宙模式，实为盖天与浑天两家。

关于盖天说，情形颇为复杂，详见本书第七章，此处仅依据近年新出研究成果，略述其概要如次。

《周髀算经》所述盖天宇宙模型基本结构为：天与地为平行平面，在北极下方大地中央矗立着高 60 000 里、底面直径为 23 000 里之上尖下粗的“璇玑”。天之平面中，在此处亦有对应之隆起。

盖天宇宙为一有限宇宙，天与地为两平行之平面大圆形，此两大圆平面直径皆为 810 000 里。

盖天宇宙模型亦为中国古代仅有的一次公理化尝试，此后即成绝响。

与盖天说相比，浑天说之地位要高得多——事实上它在中国古代占统治地位，是“主流学说”无疑。但奇怪的是它没有一部像《周髀算经》那样系统陈述其学说的著作。

在浑天说中，大地及天之形状皆为球形，此点与盖天说相比大大接

① 李约瑟：《中国科学技术史》第四卷“天学”（这是当时中译本的分卷法，与原版及后来的中译本不同），科学出版社，1975 年，第 115 — 116 页。

近现代结论。但浑天之天有“体”，即某种实体（类似鸡蛋之壳）。

然而球形大地“载水而浮”之设想成了很大问题。因在此模式中，日月星辰皆附着于“天体”内面，而此“天体”之下半部分盛着水，这就意味着日月星辰在落入地平线之后都将从水中经过，这与日常的感觉难以相容。于是后来又有改进之说——认为大地悬浮在“气”中，比如宋代张载《正蒙·参两篇》谓“地在气中”，这当然比让大地浮在水上要合理一些。

以今日眼光观之，浑天说初级简陋，与约略同一时代西方托勒密（Ptolemy）精致的地心体系（注意，浑天说也完全是地心的）无法同日而语，与《周髀算经》之盖天说相比也大为逊色。然而这样一个学说为何竟能在此后约两千年间成为主流？

原因在于：浑天说将天和地形状认识为球形。这样至少可以在此基础上发展出一种最低限度之球面天文学体系——浑仪、浑象即服务于此一体系。而只有球面天文学，方能使对日月星辰运行规律之测量、推算成为可能。盖天学说虽然有其数理天文学，但它对天象的数学说明和描述俱不完备（例如《周髀算经》中完全未涉及日月交食与行星运动）。

今日全世界天文学家共同使用之球面天文学体系，在古希腊时代就已完备。中国古代固已有球面天文学，惜乎始终未能达到古希腊水准。其中最主要之原因，在于浑天宇宙模型中，大地之尺度与天球之尺度相比，为1∶2；而在古希腊模型中此一比例为1∶23 481（现代天文学所知比例当然更为悬殊）。换言之，在古希腊宇宙模型中，大地尺度经常可以忽略（将大地视为一个点），这种忽略为球面天文学体系中许多情形下所必需——而这样的忽略在古代中国浑天说中绝无可能。

第四节　古代天学之科学遗产及学术意义

今人常言中国古代天学留下了“丰富遗产”“宝贵遗产”，但这些遗产究竟是何物？ 到今日还有何用？ 应如何看待？ 皆为颇费思量之问题，且很少见前贤正面讨论。

我们可以尝试将中国天学遗产分为三类：

第一类，可用以解决现代天文学问题之遗产。

第二类，可用以解决历史年代学问题之遗产。

第三类，可用以了解古代中国社会之遗产。

此种分类，基本上可以将中国天学遗产全部概括。 以下通过具体案例稍论之。

中国古代天学第一类遗产，先前已得到初步收集整理，即收录于《中国古代天象记录总集》一书中之“天象记录”，凡一万余条。 此为中国古代天学遗产中最富科学价值之部分。 古人虽出于星占学目的而记录天象，但它们在今日可为现代天文学所利用——因天体演变在时间尺度上通常极为巨大，虽千万年只如一瞬，故古代记录即使科学性、准确性稍差，仍然弥足珍贵。

20 世纪 40 年代，金牛座蟹状星云被天体物理学家证认出系公元 1054 年超新星爆发之遗迹，这次爆发在中国古籍中有最为详细之记载。 随着射电天文学勃兴，在蟹状星云、公元 1572 年超新星、公元 1604 年超新星遗迹中都发现了射电源。 天文学家于是形成如下猜想：超新星爆发后可能会形成射电源。

但超新星爆发极为罕见，如以太阳系所在之银河系为限，两千年间历史记载超新星仅 14 颗，公元 1604 年以来再未出现。 故欲验证上述设想，不可能作千百年之等待，只能求之于历史记载。 当时苏联天文学界对此事兴趣浓烈，因西方史料不足，乃求助于中国。

于是席泽宗于 1955 年发表《古新星新表》一文，充分利用中国古代天象记录完备、持续、准确之巨大优势，考订了从殷商时代到公元 1700 年间共 90 次新星和超新星之爆发记录。《古新星新表》发表后，引起美、苏两国高度重视。 两国都先对该文进行报道，随后译出全文。

事实上，随着天体物理学飞速发展，《古新星新表》的重要性远远超出当时想象之外。此后二十多年中，世界各国天文学家在讨论超新星、射电源、脉冲星、中子星、X射线源、γ射线源等最新天文学进展时，引用该文达1 000次以上。国际天文学界著名杂志之一《天空与望远镜》上出现评论称:“对西方科学家而言，可能所有发表在《天文学报》上的论文中最著名的两篇，就是席泽宗在1955年和1965年关于中国超新星记录的文章。”而美国天文学家斯特鲁维（O. Struve）之名著《二十世纪天文学》中，唯一提到的中国天文学家的工作即《古新星新表》。一篇论文受到如此高度重视，且与此后如此众多新进展联系在一起，这在当代堪称盛况。

此即中国古代天学史料被用以解决现代天文学问题之典型例证。

类似例证，还有笔者用中国古代星占学史料解决困扰国际天文学界百余年之“天狼星颜色问题”。详见本书第四章。

中国天学留下之第二类遗产，可用以解决历史年代学问题。

因年代久远，史料湮没，某些重要历史事件发生之年代，或重要历史人物之诞辰，至今无法确定。所幸古人有天人感应之说，相信上天与人间事务有着神秘联系，故在叙述重大历史事件发生或重要人物诞生死亡时，往往将当时特殊天象（如日月交食、彗星、客星、行星特殊位置等）虔诚记录下来。有些此类记录得以保存至今。依靠天文学家之介入，此种古代星占学天象记录，竟能化为一份意外遗产——借助现代天文学手段，对这些天象进行回推计算，即可能成为确定历史事件年代之有力证据。

此种应用近年最为成功的例证，是夏商周断代工程中借助国际天文学界当时最先进之星历表软件，推算出武王伐纣确切年代，并成功重现当时一系列重大事件之日程表。结论为：周武王牧野克商之战，发生于公元前1044年1月9日清晨。

类似例证，还有利用日食记录，推算出孔子诞辰之确切日期：公元前

552 年 10 月 9 日。 亦详见本书第四章。

其实解决现代天文学问题，或解决历史年代学问题，仅仅利用了中国天学遗产中之一小部分。 中国古代留下大量“天学秘籍”，以及散布在中国浩如烟海之古籍中的各种零星记载。 这部分遗产数量最大，如何看待和利用也最成问题。

这第三类中国天学遗产，可用以了解古代中国社会。

中国古代并无现代意义上之天文学，有的只是“天学”——此天学不是一种自然科学，而是深深进入古代中国人精神生活的东西。 日食、月食、火星、金星或木星处于特殊位置等等，更不用说一次彗星出现，凡此种种天象，在古代中国人看来都不是科学问题，而是哲学问题，神学问题，或是一个政治问题。

由于天学在中国古代有如此特殊之地位（此一地位，其他学科，比如数学、物理、炼丹、纺织、医学、农学之类，根本无法相比），因此它就成了了解古代中国人政治生活、精神生活和社会生活之无可替代的重要途径。 古籍中几乎所有与天学有关之文献，皆有此种价值及用途。 具体案例，在笔者所著《天学真原》中随处可见，兹不缕述。

中国天学这方面遗产之利用，将随历史研究之深入和拓展，比如社会学方法、文化人类学方法之日益引入，而展开广阔前景。

第二章

天学与传统政治文化

第一节　天学与王权(皇权)

一、天学:作为帝王通天手段

(一) 天地相通与绝地天通

今人所持之地球观念，源自古希腊。

然而对于大多数原始民族而言，他们对于宇宙的认知，源自直观观察——天在上，地在下。

中国古代神话中，常常认为天地之间存在通道。 诸神可以凭之自由上天下地，而人类也可以借此往来于天地之间。 人与神之间，可以相互联系。 这种通道，有时候是高山，有时候是大树。

《山海经》中的高山，群巫从之往来天地之间:

> 巫咸国在女丑北,右手操青蛇,左手操赤蛇。在登葆山,群巫所从上下也。(《海外西经》)

> 大荒之中,有山名曰丰沮玉门,日月所入。有灵山,巫咸、巫即、巫肦、巫彭、巫姑、巫真、巫礼、巫抵、巫谢、巫罗十巫,从此升降,百药爰在。(《大荒西经》)

《淮南子·地形训》对昆仑山描述极为详细具体：

> 昆仑之丘，或上倍之，是谓凉风之山，登之而不死；或上倍之，是谓悬圃，登之乃灵，能使风雨；或上倍之，乃维上天，登之乃神，是谓太帝之居。

这座山极高，《淮南子》说“掘昆仑虚以下地，中有增城九重，其高万一千里百一十四步二尺六寸”，当人类由之逐步向上攀登，每上一个层级后，能力随之增强，先是长生不老，后能呼风唤雨，最后成为神灵。

《楚辞·天问》曰：“昆仑县圃，其尻安在？增城九重，其高几里？”王逸注云：“昆仑，山名也，在西北，天气所出。其巅曰县圃，乃上通于天也。”此处“县圃”与《淮南子》“悬圃”通。

天地之间通道的具体位置，还有一种说法认为是在地中。如《吕氏春秋·有始览》说：“白民之南，建木之下，日中无影，呼而无响，盖天地之中也。”古书记载以大树为天地通道者，有如建木、若木、扶桑、穷桑、寻木……其中最具代表性的是建木。《淮南子·地形训》也介绍了建木的位置和作用：“建木在都广，众帝所自上下。”都广，位于天地之中，众帝，即是众神。

关于天地相通之事，中国古代又有“绝地天通”的传说。这个典故，可见《国语·楚语》记载的一段对话：

> 昭王问于观射父，曰：“《周书》所谓重、黎实使天地不通者，何也？若无然，民将能登天乎？”
>
> 对曰：“非此之谓也。古者民神不杂。民之精爽不携贰者，而又能齐肃衷正，其智能上下比义，其圣能光远宣朗，其明能光照之，其聪能听彻之，如是则明神降之，在男曰觋，在女曰巫。是使制神之处位次主，而为之牲器时服，而后使先圣之后之有光烈，而

能知山川之号、高祖之主、宗庙之事、昭穆之世、齐敬之勤、礼节之宜、威仪之则、容貌之崇、忠信之质、禋洁之服，而敬恭明神者，以为之祝。使名姓之后，能知四时之生、牺牲之物、玉帛之类、采服之仪、彝器之量、次主之度、屏摄之位、坛场之所、上下之神、氏姓之出，而心率旧典者为之宗。于是乎有天地神民类物之官，是谓五官，各司其序，不相乱也。民是以能有忠信，神是以能有明德，民神异业，敬而不渎，故神降之嘉生，民以物享，祸灾不至，求用不匮。及少皞之衰也，九黎乱德，民神杂糅，不可方物。夫人作享，家为巫史，无有要质。民匮于祀，而不知其福。烝享无度，民神同位。民渎齐盟，无有严威。神狎民则，不蠲其为。嘉生不降，无物以享。祸灾荐臻，莫尽其气。颛顼受之，乃命南正重司天以属神，命火正黎司地以属民，使复旧常，无相侵渎，是谓绝地天通……”

颛顼帝为使人神分隔，命重、黎“绝地天通”的故事表达了一个观念：天地之间曾存在过一个自然通道，后来这条通道又被人为隔绝了。

若放大视野，可以发现上述观念在世界其他古代民族中也同样存在，正如西方神话学者指出：

至于认为天地曾相通，人与神的相联系曾成为可能，后来天地始隔离——这种观念在种种不同的文化中已是屡见不鲜。[①]

绝地天通之后，没有物质通道，能与上天进行沟通的人，就只有巫觋们了，其背后的操纵力量，无疑是统治者。

（二）天命与天意

关于天，古代中国人心目中存有一种极为普遍的观念：天是人格化

① M.Eliadet:《有关复归于永恒的神话》，转引自克雷默（Kramer，S. N.）编、魏庆征译:《世界古代神话》，华夏出版社，1989 年，第 365 页。

的。换句话说，古人把天设想成是具有与人相似思想感情和行为的。

《史记》卷七《项羽本纪》介绍楚霸王项羽垓下战败后回顾："吾起兵至今八岁矣，身七十余战，所当者破，所击者服，未尝败北，遂霸有天下。然今卒困于此，此天之亡我，非战之罪也。"当乌江亭长划船以待，劝其渡江，项羽笑曰："天之亡我，我何渡为！"

士大夫阶层的文学作品中，此一思想同样有广泛体现，兹举数例：

以鹑首而赐秦，天何为而此醉？（梁·庾信《哀江南赋》）

天意高难问，人情老易悲。（唐·杜甫《暮春江陵送马大卿公恩命追赴阙下》）

衰兰送客咸阳道，天若有情天亦老。（唐·李贺《金铜仙人辞汉歌》）

贯日长虹，绕身铜柱，天意留秦劫。（清·曹贞吉《百字令·咏史》）

不仅如此，这种观念还深入日常话语中，形成了大量词语，随处可见：古人称赞忠孝节义等事，有谓"上格天心"；若指斥罪恶行径，则曰"天理难容"；幸灾乐祸，则说对方"上干天谴""致遭天罚"；称颂正义军事行动，说"躬行天讨"；绿林好汉杀富济贫，自称"替天行道"；当正义得到伸张，曰"苍天有眼"；祝福男女佳偶，曰"天作之合"；庆幸好事终于成功，说"天遂人愿"……关汉卿笔下更有著名剧目《感天动地窦娥冤》。凡此种种，足可见"人格化的天"理念已在古代中国构筑了深厚的文化背景。

天命与天意，可以见于早期经典，如《诗经》中：

穆穆文王，于缉熙敬止。假哉天命！……侯服于周，天命靡常。（《大雅·文王》）

有命自天，命此文王。（《大雅·大明》）

维天之命，於穆不已。（《周颂·维天之命》）

昊天有成命，二后受之。（《周颂·昊天有成命》）

绥万邦，娄丰年。天命匪解。（《周颂·桓》）

天命降监，下民有严。不僭不滥，不敢怠遑。命于下国，封建厥福。（《商颂·殷武》）

《尚书》中所论天命之处极多，如：

惟时怙冒，闻于上帝，帝休。天乃大命文王，殪戎殷，诞受厥命。（《康诰》）

旻天大降丧于殷，我有周佑命，将天明威，致王罚，敕殷命终于帝。肆尔多士，非我小国敢弋殷命，惟天不畀，允罔固乱。（《多士》）

呜呼！皇天上帝，改厥元子，兹大国殷之命，惟王受命，无疆惟休，亦无疆惟恤。（《召诰》）

我周王享天之命。（《多方》）

上述讨论所涉，主要关乎商周的改朝换代，显而易见，周为小邦，竟革掉了大国殷之命。他们目睹了一次天命的转移，这让周人印象太深刻了。他们的解释是，天命是会变的，天命从殷到了周。

更晚的春秋时期天命观念，可见王孙满对楚庄王问鼎，可谓古人讨论天命之典型事例，如《左传》宣公三年：

> 楚子伐陆浑之戎，遂至于雒，观兵于周疆。定王使王孙满劳楚子。楚子问鼎之大小轻重焉。对曰："在德不在鼎。昔夏之方有德也，远方图物，贡金九牧，铸鼎象物，百物而为之备，……用能协于上下，以承天休。桀有昏德，鼎迁于商，载祀六百。商纣暴虐，鼎迁于周，……天祚明德，有所厎止。成王定鼎于郏鄏，卜世三十，卜年七百，天所命也；周德虽衰，天命未改。鼎之轻重，未可问也。"

从王孙满的观点，可以得知关于天命的三点性质：一、天命可知。周的天命由成王定鼎时占卜而知。二、天命会改变，即所谓"天祚明德，有所厎止"。三、天命归于"有德"者。夏、商、周三代递膺天命，转移之机，即在于有德与暴虐。

王孙满的天命观，正与儒家经典所述吻合。

孔子曾屡次谈到天命这一观念，请看《论语》数例：

> 天之将丧斯文也，后死者不得与于斯文也；天之未丧斯文也，匡人其如予何！（《子罕》）

> 天生德于予，桓魋其如予何！（《述而》）

> 死生有命，富贵在天。（《颜渊》）

君子有三畏：畏天命，畏大人，畏圣人之言。小人不知天命而不畏也，狎大人，侮圣人之言。（《季氏》）

孔子自负甚高，有以天下为己任的襟怀。他将天命置于君子三畏之首，足见天命之重要。下层社会的芸芸众生，“未闻君子之大道”，不知天命为何物，也就不加敬畏了。天命也确实管不到他们。

孔子这种“君子”，与统治者立场相同。他们最关心的是天命的变化转移。

统治者创建新朝时关心怎样使天命转而眷顾自己，定鼎之后关心怎样防止天命转而眷顾别人。再以王孙满对楚王问鼎事为例，楚王问鼎正是前一种心态，王孙满则是后一种心态的发言人。双方都知道九鼎为天命的一种象征物。楚王观兵于周疆，是炫耀武力；问鼎之大小轻重，近于挑衅。但他毕竟还未兴灭周之心，因为当时周天子仍得到中原各大诸侯拥戴。此事发生于公元前606年，上距成王定鼎只有四百余年，离“卜世三十，卜年七百”尚远，故王孙满警告楚王不要产生非分之想。王孙满这样说，当然也是辞令技巧，若是楚王在公元前306年问鼎，周王也断不肯将九鼎拱手献出。但在当时人们心中，天命确实也并非虚言，而是一桩真实、严肃、重大之事，观《尚书》中周代诸文诰反复谈论如何长保天命，就不难想见此点。诸侯拥戴，正可说明天命未改。

周人胜利后，即以普天之下万民的请命者和代言人自居，他们把天命解释为人心所向的结果，仍举《尚书》为例：

天矜于民，民之所欲，天必从之。尔尚弼予一人，永清四海。时哉弗可失。（《泰誓上》）

天视自我民视，天听自我民听。（《泰誓中》）

> 天惟时求民主。(《多方》)

周人的叙述里，天命与民心等同，天意与民意等同。所谓天命所归，人心所向，便成为后世用天命、天意的正大名义来立论的基础。

亡国之君殷纣也是天命所眷，而且直到灭亡前夕似乎还是如此，《尚书·西伯戡黎》载纣自言："呜呼，我生不有命在天?"连周武王都承认殷纣有天命，《史记》卷四《周本纪》云：

> 九年，武王上祭于毕。东观兵，至于盟津。……是时，诸侯不期而会盟津者八百诸侯。诸侯皆曰："纣可伐矣。"武王曰："女未知天命，未可也。"乃还师归。

一个王朝究竟怎样才能昭告万方，正式确认天命在兹呢？除了武功和文宣之外，统治者还需要依靠天学。

（三）天象与人事

天是人格化的，天命是可以转移的，天命是归于"有德"者的。与此相对应，在星占学家看来，上天对人间事务的反应，也体现出道德至上、赏善罚恶。

在古代中国星占学家心目中，天人合一、天人感应这样一幅宇宙图景之完备、具体和生动，一般现代人绝难想象。在星占学家看来，天象体现出对人事的警告和嘉许。题为"唐司天监李淳风"撰的《乾坤变异录》"天部占"云：

> 天道真纯，与善为邻。夫行事善，上契天情，则降吉利，赏人之善故也。舜有孝行，恩义仁信惠爱行于天下，感应上天，尧让其国，风雨及时，人皆歌太平，无祸乱，此天之赏善也。行其不善之事，则天变灾弥，日月薄蚀，云气不祥，风雨不时，致之水旱，显其

凶德，以示于人。若乃知过而改之，则灾害灭矣。……纣不知过，不能改恶修善，致武王伐之，契合天心。

星占学的这一观念，在中国古代社会具有普遍性。如《史记》卷二十七《天官书》云：

日变修德，月变省刑，星变结和。……太上修德，其次修政，其次修救，其次修禳，正下无之。夫常星之变希见，而三光之占亟用。日月晕适，云风，此天之客气，其发见亦有大运。然其与政事俯仰，最近天人之符。此五者，天之感动。为天数者，必通三五。终始古今，深观时变，察其精粗，则天官备矣。

所谓“三五”，司马贞《索隐》解释：“三谓三辰，五谓五星。”即指日、月、恒星和五大行星。与这些天体有关的种种天象，被认为是“天之感动”。而上天的这些反应，是“与政事俯仰”的。所谓“修德”，固是古人修身、为政的理想境界，而以下“省刑”“结和”“修政”“修救”“修禳”等等，也都是政事中不可或缺的重要内容。这些事情不修治，则上天始而示警，即呈现种种不吉天象，最终降罚，则天命转移，改朝换代。

又如《晋书》卷十一《天文志上》云：

昔在庖犧，观象察法，以通神明之德，以类天地之情，可以藏往知来，开物成务。故《易》曰：“天垂象，见吉凶，圣人象之。”此则观乎天文以示变者也。《尚书》曰：“天聪明自我人聪明。”此则观乎人文以成化者也。是故政教兆于人理，祥变应乎天文，得失虽微，罔不昭著。

政治上的微小得失，在天人感应的迹象中无不昭著，意味着上天对君主的考察细致入微。此般天人景观，与星占学专著论调相同。

所有被古人归入“天”范畴之内的现象——包括现代气象学所关注的大气层内诸现象，都被认为是上天对人间政事的警告或嘉许。如《汉书》卷二十六《天文志》云：

> 其伏见蚤晚，邪正存亡，虚实阔狭，及五星所行，合散犯守，陵历斗食，彗孛飞流，日月薄食，晕适背穴，抱珥虹蜺，迅雷风袄，怪云变气：此皆阴阳之精，其本在地，而上发于天者也。政失于此，则变见于彼，犹景之象形，响之应声。是以明君睹之而寤，饬身正事，思其咎谢，则祸除而福至，自然之符也。

从“伏见蚤晚”至“怪云变气”，大致涵盖了古代中国描述天象的绝大部分常用术语。在古人看来，上天的警告或嘉许在自然界还有更为广泛的表现形式，李淳风《乙巳占》自序云：

> 至于天道神教，福善祸淫，谴告多方，鉴戒非一。故列三光以垂照，布六气以效祥，候鸟兽以通灵，因谣歌而表异。

三光，即日、月、恒星，产生种种天象。六气效祥，可以与《汉书·天文志》“怪云变气”之类对应。而鸟兽通灵，则已扩展至整个自然界，这就是古人广义的“天”。历代官史《五行志》中，充斥着大量这方面的怪异记载：瑞鸟出现、兽作人言、灵芝仙草、马生子、女化男、兽奸、山崩、雨血、河水逆流……这些事件都被与社会的安危治乱联系起来。今天看来固然荒诞不经，其实皆与李淳风所述观念完全一致。最后，还有谣歌表异之说，实为古代中国文化中颇具特色的现象，古代社会，歌谣，特别是童谣，往往是乱世先兆，而童谣亦经常与天象联系在一起。

二、统治者对通天权力的争夺

（一）灵台的建设

天命与天意之道德至上、赏善罚恶，与“民之所欲，天必从之”“天视自我民视，天听自我民听”有内在相通之处。历史上失败的政治人物，商纣也好，项羽也好，其结局是天下大多数人抛弃他们，这与天命、天意不再眷顾他们，是一个等价的陈述。

一些成功的统治者，会在政治、军事行动的同时，合理利用天命、天意的观念，为自家政权的合法性造势，因此涉及对通天权力的争夺。前文提到，在较原始的神话中，有表现为物质性的天地通道，而绝地天通之后，没有物质通道，就只有巫觋们专司其职。交通天人的手段，最常见者，为观测星象，占卜吉凶。

上古天学家观星测候之处被称为“灵台”，今人常将灵台视为现代天文台的前身，但这是一种误读。关于灵台的性质及其用途，古人本有过详细介绍，比如：

> 天子有灵台者，所以观祲象、察气之妖祥也。（《诗·大雅·灵台》“小序郑笺”）

> 灵台，观台也，主观云物、察符瑞、候灾变也。（《晋书》卷十一《天文志上》）

> 占云物、望气祥，谓之灵台。（《诗·大雅·灵台》“小序孔疏”引颖子容《春秋释例》）

> 乃经灵台，灵台既崇；帝勤时登，爰考休征。三光宣精，五行布序；习习祥风，祁祁甘雨。百谷溱溱，庶卉蕃芜；屡惟丰年，于皇

乐胥。(《后汉书》卷四十下《班固传》载其《灵台诗》)

上述文献，无不表明灵台为进行星占学活动之所。

灵台又被称为观星台、司天台等，为皇家天学机构之表征。东汉张衡所作《灵宪》一文，其实是一部典型的星占学著作，论者常谓不得其命名之义。灵即灵台，宪即宪则、法则，称《灵宪》者，犹如《星占纲要》或《天文要论》也。从该文内容观之，正是如此。

《诗·大雅·灵台》当为古籍中最早记载灵台的篇章：

经始灵台，经之营之，庶民攻之，不日成之。

这短短十六个字，常被用来作出两千五百年以前中国已有了天文台的论断。那么，周文王为何要建灵台?

灵台的建设过程却没有引起足够重视。

所谓“庶民攻之，不日成之”，显然是征用臣民，搞人海战术，以赶建灵台。为什么周室要有此举措? 孔颖达疏引公羊说云：

天子有灵台，以观天文……诸侯卑，不得观天文，无灵台。

非天子不得作灵台。

周文王当时只是诸侯身份，按照礼制，他是不配拥有灵台的。一个诸侯，竟聚众赶工建造灵台，这就是越礼犯上之举。灵台是观星察气、占卜吉凶之所，也即专职通天的巫觋仰测天意、交通天人的神圣坛场，有着重大的象征意义。由此出发，可以尝试探明周文王赶造灵台的真正用意。

对于古代中国社会中通天与王权之间的关系，张光直曾做过深入研究。他通过对夏、商、周三代考古文物的考察分析，得出结论：

> 通天的巫术，成为统治者的专利，也就是统治者施行统治的工具。“天”是智识的源泉，因此通天的人是先知先觉的，拥有统治人间的智慧和权利。[①]

掌握着星占历法知识等奥秘的巫觋们，听命服从于某帝王，就使该帝王获得了统治的资格和权利。通天之后，即可获得上天所传示的知识，其中有关于战争胜负、王位安危、年成丰歉、水旱灾害……几乎一切古代军国大事的预言。

由是可知：周文王对商朝已起了不臣之心，一位“不得观天文”的诸侯，竟公然擅自建造灵台，目的在于打破商纣对通天手段的垄断，进而染指按理只有商朝独占的政治权威；而当时的商朝竟未能对他施以武力讨伐或制裁。

那么建设灵台的结局是怎样呢？“小序”云：“《灵台》，民始附也。文王受命而民乐其有灵德，以及鸟兽昆虫焉。”“民始附”，可理解为周文王政权有了进一步发展，粗具规模。文王建灵台事，还可以与《史记》卷四《周本纪》中的相关记载联系起来：

> 九年，武王上祭于毕。东观兵，至于盟津。……是时，诸侯不期而会盟津者八百诸侯。诸侯皆曰：“纣可伐矣。”武王曰：“女未知天命，未可也。”乃还师归。

周人拥有通天能力之后，公然会盟诸侯，呼吁推翻中央政府，欲取而代之，这样的事何等重大？看殷墟甲骨卜辞，殷人一举一动都要占卜，求问天心神意，则孟津之会这样的大事，没有“先知先觉”者依据天意进行指导是不可能的。然而八百诸侯，没有人知道天命，只有周武王一人知道。他说现在还不行，大家就回去了。为什么在天命问题上，周武王

---

① 张光直：《考古学专题六讲》，文物出版社，1986年，第107页。

的发言权比八百诸侯都大？原因很简单：因为此时周武王已拥有通天手段——文王赶工建造的灵台正屹立在周原的高地之上，掌握着通天奥秘而又效忠周王父子的巫觋（如姜太公之类）正在台上观天测星，预告着天命的转移。这番神秘庄严的景象，象征着一个新的强大政治权威已在西部崛起。商纣对通天手段的垄断已被打破，他的统治正在日益失去合法性，不可避免从动摇走向崩溃。

（二）通天仪器的迁移

前文曾提到，王孙满和楚庄王的对话，提到九鼎。九鼎是通天礼器的代表，在张光直的著作中也受到过重视。

在作为通天坛场的灵台重地，陈列着各种观天测天仪器，如浑仪、相风、漏刻之类，这些同样也是通天礼器，与九鼎实为同一性质、同一级别。又如《北堂书钞》《渊鉴类函》《艺文类聚》等类书中，将上述诸天学仪器与玉玺、节钺、绶带等物列为一类，而后者都是用来表征权力、地位的。关于天学仪器在皇家器物中的位置，不妨另举两例。

金人攻陷汴京时，将北宋皇家器物席卷一空，如《宋史》卷二十三《钦宗纪》：

> 凡法驾、卤簿，皇后以下车辂、卤簿，冠服、礼器、法物，大乐、教坊乐器，祭器、八宝、九鼎、圭璧，浑天仪、铜人、刻漏，古器、景灵宫供器，太清楼秘阁三馆书、天下州府图及官吏、内人、内侍、技艺、工匠、娼优，府库畜积，为之一空。

天学仪器、图籍被劫走，这曾给南宋政权的天学事务带来很大麻烦，他们尝试重新铸造浑天仪，而著名的水运仪象台却未能重制。

另一例可见清乾隆二十四年（1759）成书的《皇朝礼器图式》，书中所著录的皇朝礼器，包括了灵台，即现在北京建国门的古观象台上以及宫廷中陈列的各种天学仪器，甚至西洋人赠送的演示哥白尼

(Copernicus)日心宇宙模型的“七政仪”。这些都表明，古人确实是将天学仪器与九鼎之类的礼器等量齐观的。据此推论，若后者是古人通天之用，则与之同性质同级别的天学仪器又何尝不是通天之用？而且更为直接。这也可作为上古帝王依靠天学通天手段获取政治权威的旁证之一。

（三）王气的阻绝

> 王濬楼船下益州，金陵王气黯然收。（刘禹锡《西塞山怀古》）

> 将非江表王气，终于三百年乎？（庾信《哀江南赋·序》）

此类脍炙人口的名句，都反映出古代“王气”之说的深入人心。所谓王气，是古人天人感应观念的产物之一。人世间许多重大事件（正在发生着的和将要发生的）都会以“气”的形式兆示于空中，比如“丰城剑气”就上冲于斗牛之间。因此气成为古人的重要占望对象。各种气中，又以王气最为事关重大，因为王气是新的“真命天子”崛起的征兆，又是王朝“气数”的具体表征。六朝偏安江左，但在后人看来仍不失为华夏正统政权，故所谓江表三百年王气，自属顺理成章；然而即使是一些僭伪政权，竟也有其王气。兹举宋岳珂《桯史》卷八“阜城王气”条为例：

> 崇宁间，望气者上言，景州阜城县有天子气甚明，徽祖弗之信。既而方士之幸者颇言之，有诏断支陇以泄其所钟。居一年，犹云气故在，特稍晦，将为偏闰之象，而不克有终。至靖康，伪楚之立，逾月而释位。逆豫既僭，遂改元阜昌，且祈于金酋，调丁缮治其故尝夷铲者，力役弥年，民不堪命，亦不免于废也。二僭皆阜城人，卒如所占云。

在古人看来，连短寿促命的伪楚、伪齐政权都有王气兆示，足见王气之说何等深入人心。即以岳珂而论，他显然相信，要不是先前“有诏断支陇以泄其所钟”，二逆的“气数”还会大得多。

王气之说既能用来劝进和煽动谋反，帝王对此当然就极为重视。宋徽宗听说阜城有王气，真会下诏去掘断“龙脉”。由此，王气之说又可成为打击政敌的手法，兹举《明史》卷一百二十八《刘基传》为例：

> 初，基言瓯、括间有隙地曰谈洋，南抵闽界，为盐盗薮，方氏所由乱，请设巡检司守之。奸民弗便也。……胡惟庸方以左丞掌省事，挟前憾，使吏讦基，谓谈洋地有王气，基图为墓，民弗与，则请立巡检逐民。帝虽不罪基，然颇为所动，遂夺基禄。基惧入谢，乃留京，不敢归。

刘基本精通天学，当初辅佐朱元璋造反夺天下，难保不讲论“凤阳王气”“金陵王气”之类。臣下既能助自己得天下，也就可能再从自己或儿孙手里夺天下——许多封建帝王屠戮功臣时都有这种担忧。政敌乃利用这一点来打击、诬陷刘基，朱元璋果然“宁信其有，不信其无”。

第二节 天学与政治运作

一、维护正统

要获取统治权，就必须掌握通天手段，而天学是各种通天手段中最直接、最重要者，因此企图夺取统治权者必须先设法掌握它，以便享有天命，之后方能确立王权。这就要靠星占学家（巫觋）们发现和指出天（包括整个自然界）所呈现的一些征兆，并加以解释。这些征兆及其对应的解释，正是古代星占学著作中的重要内容。在这些征兆中，狭义的天象（即古人所说的“天文”）自然占据最突出的位置。

中国历史上最早，最受称颂的天命转移、改朝换代事件是武王伐纣，而周人又是历史上最早系统地大讲天命的集团，因此古籍中记载的关于武王伐纣时的天象也最多。这些天象未必都是后人附会编造的，其中可能有不少是周朝史官郑重其事地记载下来而流传后世的。下面举出数例：

> 昔武王伐殷，岁在鹑火，月在天驷，日在析木之津，辰在斗柄，星在天鼋。（《国语》卷三《周语下》）

> 武王伐纣，东面而迎岁，至汜而水，至共头而坠，彗星出而授殷人其柄。（《淮南子·兵略训》）

> 惟一月壬辰，旁死霸，若翌日癸巳，武王乃朝步自周，于征伐纣。（《汉书》卷二十一《律历志下》引《周书·武成》）

> 粤若来三月，既死霸，粤五日甲子，咸刘商王纣。（《汉书》卷二十一《律历志下》引《周书·武成》）

这些记录文辞虽简，内容甚丰，包括了当时日、月和行星的位置等信息，还有当时出现的某颗彗星及其方向，后两则记载了武王起兵之前一日和灭纣之日的月相。

在此之后，又出现过不少关于改朝换代时的天象记录，这显然是仿自武王伐纣天象事件：

> 元年冬十月，五星聚于东井，沛公至霸上。（《汉书》卷一《高帝纪》）

齐桓将霸，五星聚箕。(《宋书》卷二十五《天文志三》)

(禹时)星累累若贯珠，炳焕如连璧，帝命验曰：有人雄起，戴玉英，履赤矛。(《太平御览》卷七引《孝经纬钩命诀》)

孟春六旬，五纬聚房。后有凤凰衔书，游文王之都。书又曰："殷帝无道，虐乱天下，星命已移，不得复久。灵祇远离，百神吹去。五星聚房，昭理四海。"(今本《竹书纪年》卷七)

而第三条中所谓大禹之年代太过久远，当是后人附会。

古人认为能兆示天命者，还有许多其他自然现象。古籍中此类记载甚多，以下举出可以作为典范的二例：

汤乃东至于洛，观帝尧之坛。沉璧退立，黄鱼双踊，黑鸟随之，止于坛，化为黑玉。又有黑龟并赤文成字，言夏桀无道，汤当代之。梼杌之神见于邳山。有神牵白狼，衔钩而入商朝。金德将盛，银自山溢。(今本《竹书纪年》卷五)

及纣杀比干，囚箕子，微子去之，乃伐纣。度孟津，中流，白鱼跃入王舟，王俯取，鱼长三尺，目下有赤文成字，言纣可伐。王写以世字，鱼文消。燔鱼以告天，有火自天，止于王屋，流为赤乌，乌衔谷焉。谷者纪后稷之德，火者燔鱼以告天，天火流下，应以吉也。(今本《竹书纪年》卷七)

秦汉之际，陈胜起事时所用手法，似乎是对武王白鱼入舟之事的模仿，《史记》卷四十八《陈涉世家》云：

乃丹书帛曰“陈胜王”，置人所罾鱼腹中。卒买鱼烹食，得鱼腹中书，固以怪之矣。又间令吴广之次所旁丛祠中，夜篝火，狐鸣呼曰：“大楚兴，陈胜王！”卒皆夜惊恐。旦日，卒中往往语，皆指目陈胜。……陈涉乃立为王，号为张楚。

这些是符命，兆示着天命转移或归属，在历代官史之中常可见到。关于天学家讲求符命与改朝换代之关系，可举杨坚代周史事为例，《隋书》卷十七《律历志中》：

时高祖作辅，方行禅代之事，欲以符命曜于天下。道士张宾，揣知上意，自云玄相，洞晓星历，因盛言有代谢之征。又称上仪表非人臣相。由是大被知遇，恒在幕府。

需要指出的是，“符命”与“符瑞”或“祥瑞”有所区别。古人心目中的祥瑞极多，如一些天象，麒麟、凤凰、灵龟、黄龙、白鹿、九尾狐等动物的出现，乃至灵芝出、嘉禾生、甘露降之类，都属祥瑞之列，一般仅被视为政治修明，并不具有天命转移、改朝换代的意义。

二、约束皇权

异常天象可以被视为上天对人间政治黑暗、君主失德的谴责和警告，这种观念在古代中国深入人心。当君臣都在很大程度上接受这一观念时，这就使得臣下可以借用天象，当然也包括气候异常、水旱灾害等，来谏劝君主，这样做，有时可以收到比普通直言批评更好一些的效果。

例如东汉时荀爽上奏批评皇帝后宫妃嫔太多，就以“感动和气，灾异屡臻”立论，劝皇帝减少妃嫔，以求“国家之弘利，天人之大福”（《后汉书·荀爽传》）。三国时，东吴陆凯上书指责皇帝政治过失共二十条，也是借“阴阳不调，五星失晷”来立论，认为这是皇帝无德失政，以至

"逆犯天地，天地以灾"，招致的警告与惩罚（《三国志·吴书·陆凯传》）。

更富戏剧性的是东汉襄楷，他愤于时政黑暗，上疏批评朝廷，其中就对皇帝本人的所作所为进行激烈指责。他在奏疏中将当时各种天象一一与朝政对应起来，认为这些不吉天象都是政治黑暗招致的天谴。为此，他被朝廷加以"析言破律，违背经艺，假借星宿，伪托神灵"的罪名，性命即将不保。但皇帝本人又为他开脱：

> 帝以楷言虽激切，然皆天文恒象之数，故不诛。（《后汉书·襄楷传》）

皇帝网开一面，襄楷才得以保住一命，体现了朝野上下对星占学理论的认可，因此借天象对君主进行批评谏劝的做法，在当时被认为是堂皇正大。这与因日食等天象发生而皇帝下诏责己、征求直言时上言批评时政或君主本人，在观念上一脉相承。

三、打击政敌

利用天学打击政敌的现象非常普遍，以下略举两例以见一斑。

北宋时，郭天信为太史局的属吏，宋徽宗位居端王时，曾相熟。郭曾密告他将为天子，不久徽宗果然即位，因此对郭十分宠信。后来，郭就利用天学作为工具，打击权臣蔡京：

> 见蔡京乱国，每托天文以撼之，且云："日中有黑子。"帝甚惧，言之不已，京由是黜。（《宋史·郭天信传》）

郭天信所利用的是日中黑子的星占学意义，如《开元占经》卷六：

偏任权柄，大臣擅法，则（日中）有青黑子。

这个占辞，简直就像是为蔡京量身定做。郭天信的“天学攻势”，在当时的政治风潮中，起了推波助澜或火上浇油的作用，蔡京最终被黜。

明初，丞相胡惟庸为了打击刘基，也很巧妙地利用了天学作为工具。他向明太祖诬告刘基想占一块有“王气”的地作墓地，引起了太祖对刘基的怀疑——刘基是太祖夺天下时的首席天学家，现在他自己想染指有“王气”的地方，岂不是已有了不臣之心？此举吓得刘基不敢离京，从此一病不起。

某些异常天象的出现，还会引发相当大的政治风潮。比如南宋景定五年（1264），天空曾出现大彗星，按照自汉代起，历代相传的针对日食、彗星等异常天象而作的“禳救”传统，皇帝应该“避殿减膳，下诏责己，求直言，大赦天下”。其时因贾似道专权误国，朝野积愤甚深，于是借皇帝“求直言”之机，发动了对贾似道的声讨浪潮。不过风潮的结果，贾似道和同党安然无恙，直言者反倒被治了罪。

四、道德教化

古代中国天学与道德教化的关系，一个重要的观念是“万夫有罪，在余一人”。相传商汤时天大旱，五年没有收成，汤乃剪发磨手，以自身为牺牲，祈祷于桑林，请求上天不要伤及百姓，汤愿以一己之身承受天谴。这样的君主被认为是“有德”的。这种观念在先秦时代的君主中已经比较流行，比如《吕氏春秋》卷六《制乐》所载宋景公“荧惑守心”的故事：

宋景公之时，荧惑在心。公惧，召子韦而问焉，曰：“荧惑在心，何也？”

子韦曰：“荧惑者，天罚也；心者，宋之分野也，祸当于君。虽然，可移于宰相。”

公曰：“宰相所与治国家也，而移死焉，不祥。”

子韦曰：“可移于民。”

公曰：“民死，寡人将谁为君乎？宁独死。”

子韦曰：“可移于岁。”

公曰：“岁害则民饥，民饥必死。为人君而杀其民以自活也，其谁以我为君乎？是寡人之命固尽已，子无复言矣。”

子韦还走，北面载拜曰：“臣敢贺君。天之处高而听卑，君有至德之言三，天必三赏君。今夕荧惑其徙三舍，君延年二十一岁。”

公曰：“子何以知之？”

对曰：“有三善言，必有三赏，荧惑必三徙舍，舍行七星，星一徙当七年，三七二十一，臣故曰君延年二十一岁矣。臣请伏于陛下以伺候之，荧惑不徙，臣请死。”

公曰：“可。”

是夕，荧惑果徙三舍。

宋景公宁可自己一死以承天谴，决不肯借助禳祈之术移祸于大臣和百姓，最终感动上天，灾祸消除。司马迁视该故事为真实事件，十分重视，曾在《史记》中两次提及。类似的情况，如楚昭王遇“赤云夹日”的不吉天象，也准备“有罪受罚，又焉移之”，不肯移祸于令尹、司马（《左传·哀公六年》）。这种君主应以己身承担天谴方为“有德”的观念，此后成为传统，一直保持下来。

当遇到异常天象，皇帝往往采用“下诏责己”“求直言”——请臣民批评自己的过失——之类的措施；并常要辅之以减膳、撤乐、避殿（不上正殿）、素服等形式，意在向上天表示忏悔。以求“回转天心”，不再降祸于人间。

第三节　国家的私习天文历禁政策

一、私习天文禁令发布的时间规律

古代中国的天学在历朝官方正史中、在综合的知识系统中、在政治事务中、在数术中、在朝廷职官机构及政治运作中，都具有重要地位，那么它应该成为一门受到广泛提倡、鼓励的学问，似乎是很自然的事了。然而实际情况恰恰相反：对普通民众而言，天学是一门被严厉禁锢的学问。对于民间私藏、私习天学书籍，历朝颁布过许多严厉的禁令。下面姑列较重要者若干条：

(泰始三年)禁星气谶纬之学。(《晋书》卷三《武帝纪》)

诸玄象器物、天文图书、谶书、兵书、《七曜历》、《太一雷公式》,私家不得有,违者徒二年。私习天文者亦同。(《唐律疏议》卷九)

诸道所送知天文、相术等人,凡三百五十有一。(太平兴国二年)十二月丁巳朔,诏以六十有八隶司天台,余悉黥面流海岛。(《续资治通鉴长编》卷十八)

(景德元年春)诏:图纬、推步之书,旧章所禁,私习尚多,其申严之。自今民间应有天象器物、谶候禁书,并令首纳,所在焚毁。匿而不言者论以死,募告者赏钱十万。星算伎术人并送阙下。(《续资治通鉴长编》卷五十六)

(至元二十一年)括天下私藏天文图谶《太乙雷公式》《七曜历》《推背图》《苗太监历》,有私习及收匿者罪之。(《元史》卷十三《世祖本纪》)

(洪武六年诏:钦天监)人员永远不许迁动,子孙只习学天文历算,不许习他业;其不习学者发海南充军。(《大明会典》卷二百二十三)

国初,学天文有厉禁,习历者遣戍,造历者殊死。至孝宗弛其禁,且命征山林隐逸能通历学者以备其选,而卒无应者。(《万历野获编》卷二十《历法》)

观以上各条,其禁令之严酷程度,以现代人的常识来看,完全是不可思议、无法理解的。宋太宗将全国三百余名私习者拘送京师,除录用于司天台者外,其余竟全都"黥面流海岛"。对于如此骇人听闻的专制暴政,宋代士大夫中却不乏"谅解"者,如岳珂《桯史》卷一谈及此事时就认为"盖亦障其流,不得不然也"。至宋真宗,禁令更严,藏匿天学书籍而不"坦白"者竟有死罪;而且还鼓励告密之举,赏钱达十万之巨。明太祖的严酷更加不可思议:竟强迫天学家的子孙世袭其业。非官方天学家而私习天学,既有宋太宗"鲸面流海岛"于前;官方天学家的后代而不习天学者,又有明太祖"发海南充军"于后:两相对比,堪称异曲同工!所有这些奇怪现象,应该如何解释?

再进一步分析上列七条记载,还可发现隐伏的规律。先看各条产生年代,依次如下:

泰始三年(267),距西晋开国2年。

永徽二年(651),距唐开国33年。

太平兴国二年(977),距北宋开国17年。

景德元年（1004），距北宋开国 44 年。

至元二十一年（1284），距元灭宋 5 年。

洪武六年（1373），距明开国 5 年。

国初，明朝初年。

据此可见，七条禁令都是在新王朝开国之后不久颁发的。这就引出一个问题：为何历朝都在其开国之初特别重视有关私藏、私习天学的禁令?

二、私习天文历禁之原因

上述现象并非偶然，乃有深刻的背后原因。

天学既为通天手段，这一手段的垄断又与王权密不可分——在上古，可说是王权的来源；至后世，乃演变为王权的象征。则每至改朝换代之际，新崛起者自必“窥窃神器”，另搞自己的通天事务以打破旧朝对此的垄断，从而牟取新的政治权威，周文王之建灵台，即其先例。当此四方逐鹿之时，必有私习天学者应时而起，挟其术各投效有意问鼎之新主。这些人对旧朝而言固然是罪犯，在新朝则成为“佐命功臣”。

因此，历史上诸开国雄主身边，常有通天学之人物服务，较著名者，如吴范之于孙权，张宾之于杨坚，李淳风之于李世民，刘基之于朱元璋，等等。然而青史留名，主要限于成功者，但当时群雄逐鹿，成则为王，败则为寇，失败者——其数量远较成功者为多——身边，同样会有此类人物。于是，旧朝所力图垄断的通天之学，遂经历一段扩散过程。

至新朝打下江山之后，天下一统，自然又转而步旧朝后尘，尽力保持本朝专制垄断之特权。各朝开国之初常要严申私习天学之禁，其根本原因即在于此。因此可以说，在古代中国，天学对于谋求统治权者而言为急务，对于已获统治权者而言为禁脔。

三、明中期后弛禁与天学的发展

大体上可以说，在中国古代，一直到明代前半叶，对私学天学基本上都是严禁的。

万历年间，王公百官谈论历法居然成为时髦，且公然著书立说。郑王世子朱载堉进献《圣寿万年历》《律历融通》两书，河南佥事邢云路撰《古今律历考》《戊申立春考证》两书。身为礼部尚书的范谦则“利用职权”，屡次为这类私习历法的犯禁行为张目，他建议将朱载堉之书“应发钦天监参订测验。世子留心历学，博通今古，宜赐敕奖谕”，得到皇帝批准。（《明史》卷三十一《历志一》）又上奏称：“历为国家大事，士夫所当讲求，非历士之所得私。律例所禁，乃妄言妖祥者耳。……乞以云路提督钦天监事，督率官属，精心测候，以成巨典。”他竟主张让私习历法者来领导钦天监，该建议皇帝未置可否，未能实现。（《明史》卷三十一《历志一》）

在朱、邢之书问世之前，在万历十二年（1584），兵部官员范守己私自造了一架浑仪，这是公然干犯不准私习“天文”的禁令，比私习历法更为严重，但是观者如堵，范遂作《天官举正》一书，在序中为自己犯禁之举作辩护云：

> 或谓国家有私习明禁，在位诸君子不得而轻扞文网也，守己曰：是为负贩幺么子云然尔。昭皇帝亲洒宸翰，颁《天元玉历》于群臣，岂与三尺法故自凿枘邪！且子长、晋、元诸史列在学官，言星野者章章在人耳目间也，博士于是焉教，弟子员于是焉学，二百年于兹矣，法吏恶得而禁之？

这里范守己提出一个说法：关于私习天学的禁令，仅适用于下层群众，士大夫不在此列。这种渊源可以追溯到明仁宗洪熙朝赐大臣《天元玉历》之事。明王鏊《震泽长语》云：

> 仁庙一日语杨士奇等：“见夜来星象否？”士奇等对不知。上

曰："通天、地、人之谓儒，卿等何以不知天象？"对曰："国朝私习天文，律有禁，故臣等不敢习。"上曰："此自为民间设耳，卿等国家大臣，与国同休戚，安得有禁？"乃以《天官玉历祥异赋》赐群臣。

此处《天官玉历祥异赋》，当即范守己所言之《天元玉历》。此外，范守己《天官举正序》提出的另一个问题看起来也很棘手：历代官史中的《天文》《律历》《五行》，本来就是星占历法的典型文献，朝廷禁止私习天学，却不能禁止士人读《史记》《汉书》等经典史籍。

从表面上看，似乎私习天学的禁令仅适用于下层群众，而不适用于士大夫的说法颇有根据。但如果就此下结论，仍然十分危险。仅就明代的情况而言，"国初学天文有厉禁"绝非虚语，兹举一个颇有说服力的例证如次，《明史》卷一百二十八《刘基传》云：

(刘基)抵家，疾笃，以天文书授子琏曰："亟上之，毋令后人习也！"

刘基是佐命元勋，开国时又是天文机构负责人——太史院使，他的后人总该"与国同休戚"了。但当明太祖得天下后，刘基就如履薄冰，唯恐不能免祸。他切诫子孙不要习天文，正是为免祸计，足见《万历野获编》所谓"国初学天文有厉禁"之严酷。杨士奇等对仁宗称"臣等不敢习"，也是同样的原因。至明孝宗时期，官方弛天文之禁，征召山林隐逸之能通历学人士，却"卒无应者"，也说明当初禁令之严酷。"无应者"未必是无通晓者，而是"无敢应者"也。

明中期开始，这方面的禁令逐渐放松。范守己据明仁宗故例提出的"士大夫官员特殊论"，正是这种放松的表现，是为朝廷政策法令前后不一致所设的托词。

最后还应指出，从明代万历年间开始，耶稣会传教士接踵来华，将西方天文学引入中国天学事务，又得清初顺治、康熙诸帝信任，长期由耶稣会士领导钦天监，然而即便如此，仍未使天学在中国社会中的性质和地位发生根本改变。尽管有一个颇为明显的变化，即天学不再是皇家的禁脔，这可视为晚明“天学平民化”潮流的继续；但在明朝钦天监秉承的传统观念中，天学的神圣性质与功能仍和前代无异。

第四节 星占学理论

一、历史上的星占学

历史上的星占学，主要存在两大类型：一类是专以战争胜负、年成丰歉、王朝盛衰、帝王安危等军国大事为占测对象，可以称为“军国星占学”；另一类则专据个人出生时刻的天象以占测其人一生的穷通祸福，可称为“生辰星占学”。

（一）古代西方星占学

从已发现的史料看来，在西方世界，军国星占学和生辰星占学的源头都可以追溯到巴比伦。

年代最早的军国星占学文献属于古巴比伦王朝时期（约前1830—前1531），内容是依据天象预占年成好坏；同一时期一份金星伏先表中也有星占预言。而到亚述帝国时期（前1530—前612），已出现被现代学者称为《征兆结集》（*Enuma Anu Enlil*）的大型星占文献。

生辰星占学的出现要稍晚一些，此类文献在波斯入侵时期（前539—前331）已见使用，但研究者们认为它们应当是发端于新巴比伦王朝时期（前611—前540），后来，当地人的称呼“迦勒底人”成为“星占家”“预言者”“先知”的代名词。

接着，这两种星占学类型就从巴比伦向周围扩散开来。极有可能的情况是，在亚历山大大帝（Alexander the Great）东征（前334）之前，军国星占学就传入了埃及。波斯本土、巴比伦、埃及等地，都成了亚历山大所率希腊大军的征服地，开始了“希腊化时代”。多半是希腊人为埃及带来巴比伦的，先前在埃及墓室室壁及纸草书中发现的许多星占文献，包括算命天宫图，都是这一时期的作品。

“希腊化时代”对后世影响最深远的星占学传播，当数生辰星占学之输入希腊。这种“迦勒底星占学”通常被认为是贝罗索斯（Berossus）在公元前280年前后引入希腊的，此后，逐渐成为欧洲星占学的主流，经过罗马帝国和中世纪，直至文艺复兴，一直盛行不衰。

古代世界几个古老文明中的星占学，似乎都与巴比伦有渊源，这一点确实意义深远。而就起源时间而言，军国星占学比生辰星占学更古老，这一点也值得注意。

（二）古代中国星占学

在中国古代，土生土长并且至少持续运作了两千年的星占学体系，正是军国星占学。

拥有通天，也即沟通天地人神的能力，在中国传统上被认为是王权得以确立的依据和象征，这一传统观念可以追溯到上古时期。而最直接、最主要的通天手段，就是星占学。在古人心目中，“天”是许多重要知识和权力，特别是关于统治的知识和权力的来源；这些知识和权力的体现，就是星占学。

古代中国的天学运作中，星占学实质上占据了最主要的地位，因此天学的政治、文化功能，在很大程度上正是星占学的政治、文化功能。

前文举出的重、黎奉帝颛顼之命“绝地天通”的神话，已可窥见一点端倪。到了司马迁的《史记·天官书》，给出了一份名单，为这一问题提供了最重要的线索；这些人被称为“昔之传天数者”：

高辛之前：重、黎

唐、虞：羲、和

夏：昆吾

殷商：巫咸

周：史佚、苌弘

宋：子韦

郑：裨灶

齐：甘公

楚：唐昧

赵：尹皋

魏：石申

对于这份名单中的人物，已经采用在早期古籍中全面搜索的方式逐个做了详细考证，揭示出他们“在历史上主要以何种面目呈现出来”。这里仅简述考证结果如下：

名单的前半部，重、黎、羲、和、昆吾等，主要是上古传说中专司交通天地人神的巫觋，在史籍中他们没有确切的活动记录可考。名单的后半部，从周代苌弘至魏国石申，则皆为春秋战国时期著名的星占学家，在史籍中多有确切的事迹可考。此名单中部居于承上启下之位的巫咸，则在传说人物与真实人物之间，他曾是殷帝太戊时的著名巫者，后来被作为上古巫觋的化身或代表。

依据上面的考证，司马迁所给名单的重要意义即可显现：这十余个人物的共同之处，可一言以蔽之，即通天。“传天数者”，即专司通天事务之人。值得注意的是，在此名单之中，历史演进之迹判然可见——古代的星占学家，正是由上古时代的通天巫觋演变而来。在这张名单之后的两千年间，星占学家的根本职责一直没有改变。

二、分野理论

军国星占学以天象预占天下军国大事，就必然会面临这样的问题：天下之大，各地情况千差万别，而天穹只有一个，其上所呈天象所主之吉凶，如何落实对应到各地？故凡幅员广大的文明，或其眼界已经较为广阔，注意到周边异族文明者，其军国星占学理论都必须先解决这一问题。古代中国人的解决之法是创立“分野”理论。古埃及人则另有别出心裁的解决之法。

分野理论的基本思想是：将天球划分为若干天区，使之与地上的郡国州府分别对应；如此则某一天区出现某种天象，其所主吉凶即为针对地上对应郡国而兆示者。分野理论出现颇早，《周礼·春官宗伯》所载职官有保章氏，其职掌为：

> 掌天星，以志星辰日月之变动，以观天下之迁，辨其吉凶。以星土辨九州之地，所封封域，皆有分星，以观妖祥。以十有二岁之相观天下之妖祥。

这段记载已涉及了分野理论的几乎所有要点。“所封封域，皆有分星”指二十八宿与地上州国的对应。“十有二岁”指太岁，这是一个假想天体，它自东向西在天上运行，十二年一周，与当时人们所知的木星（岁星）运行速度相同（实际约为11.86年一周）而方向相反。沿木星所行方向划分为“十二次”，各有专名；沿太岁所行方向划分为“十二辰”，用十二地支表示，这两种分法连同二十八宿、十二古国、十二州等，都有整套对应之法。这样的对应表在《史记·天官书》中已经出现，以下仅录载这类表中非常完备的一份，见《晋书》卷十一《天文志上》，原系文字叙述，此处改制为表，共五栏，自左至右，依次为：十二次名称、十二辰地支、国、州、二十八宿中与该次对应的宿名及度数（阿拉伯数字）：

表 2-1 《晋书·天文志》分野对应表

十二次名称	十二辰地支	国	州	对应宿名及度数
寿星	辰	郑	兖州	轸$_{12}$角亢氐$_{4}$
大火	卯	宋	豫州	氐$_{5}$房心尾$_{9}$
析木	寅	燕	幽州	尾$_{10}$箕斗$_{11}$
星纪	丑	吴越	扬州	斗$_{12}$牵牛须女$_{7}$

续 表

十二次名称	十二辰地支	国	州	对应宿名及度数
玄枵	子	齐	青州	须女$_{8}$虚危$_{15}$
娵訾	亥	卫	并州	危$_{16}$室壁奎$_{4}$
降娄	戌	鲁	徐州	奎$_{5}$娄胃$_{6}$
大梁	酉	赵	冀州	胃$_{7}$昴毕
实沈	申	魏	益州	毕$_{12}$觜参东井$_{15}$
鹑首	未	秦	雍州	东井$_{16}$舆鬼柳$_{8}$
鹤火	午	周	三河	柳$_{9}$七星张$_{16}$
鹑尾	巳	楚	荆州	张$_{17}$翼轸$_{11}$

上表中的一些国名，使人猜想这种分野系统或许是定型于战国时代，因为彼时代晋国已被韩、赵、魏三家分割。但分野理论在此之前很久就已存在，晋国也曾在其中占有地位，比如《国语》卷十《晋语四》记载晋大夫董因对公子重耳所述星占时，就有“实沈之墟，晋人是居”之语，实沈之次后来是魏的分野，那时却是晋国的分野，而魏国的祖先那时正忠心耿耿地为公子重耳执役。

上面的分野一览表已将天区对应到州，中国古人犹觉不够精细，还要作进一步的划分对应，这被称为“州郡躔次”。仍以《晋书》卷十一《天文志上》所载为例。这种“州郡躔次”被认为是“陈卓、范蠡、鬼谷先生、张良、诸葛亮、谯周、京房、张衡”等星占学大家所一致采纳的。为省篇幅，本书仅录寿星之次的对应情况以见一斑：

东郡：入角一度

东平、任城、山阳：入角六度

泰山：入角十二度

济北、陈留：入亢五度

济阴：入氐二度

东平：入氐七度

其他各次情况类似。大体划分到相当于今天地区一级的行政区，每区在天上都有自己的分野天区。

上面所论，是古代中国分野理论之主要模式，几乎所有的星占活动，都据此展开。此外还有一些别的分野模式，既不完备，影响也小，兹不具论。

在上述分野体系中，华夏疆土已将古代中国人所识的天空瓜分完毕，那么周边异族在天上有无位置？李淳风《乙巳占》卷三记有当时人的这一疑问：

> 或人问曰：天高不极，地厚无穷，凡在生灵，咸蒙覆载。而上分辰宿，下列侯王，分野独擅于中华，星次不沾于荒服。至于蛮夷君长，狄戒虏酋豪，更禀英奇，并资山岳，岂容变化应验全无？

但李淳风接下去对此的回答，却是体现出强烈的民族沙文主义色彩：

> 故知华夏者，道德礼乐忠信之秀气也，故圣人处焉，君子生焉。彼四夷者，北狄冱寒，穹庐野牧；南蛮水族，暑湿郁蒸；东夷穴处，寄托海隅；西戎毡裘，爰居瀚海，莫不残暴狼戾，鸟语兽音，炎凉气偏，风土愤薄，人面兽心，宴安鸩毒。以此而况，岂得与中夏皆同日而言哉？故孔子曰：夷狄之有君，不如诸夏之亡，此之谓也。……以此而言，四夷宗中国之验也。

李淳风认为“四夷”在分野体系中没有资格占得一席之地，充其量只能视为中原的附庸。由此又引导到“正统”之争，如果异族已经入主中原，他们是否就有资格“上应天象”？对此古人意见不一。兹举古人常喜欢议论的梁武帝一事为例，《邵氏闻见后录》卷八云：

> 梁武帝以荧惑入南斗，跣而下殿，以禳“荧惑入南斗，天子下殿走”之谶。及闻魏主西奔，惭曰：“虏亦应天象邪？”当其时，虏尽擅中原之土，安得不应天象也。

其时梁朝偏安江左，但武帝仍以正统自居，一些北方政权下的士大夫也认为华夏衣冠礼乐犹在江南，隐然认为南朝是文化上的正统。这年，恰有所谓荧惑入南斗的天象，梁武帝自作多情，赤了脚下殿去散步，以求“禳救”，后来听说是北魏末帝元修西奔宇文泰之事，应了这一天象，便感到不好意思。魏帝西奔长安虽是倒霉事，却从星占理论上夺走了梁朝天子的正统地位。

分野之说对星占必不可少，其使用之法，则不过依据天象所在之宿，推占其对应地区之事而已。其间虽有需要灵活运用之处，总的来说比较简单。兹略引两例如下，该两例所记之事没有什么科学价值，不过以此略见古人之分野思想而已。第一例见《晋书》卷三十六《张华传》，即著名的“丰城剑气”之事：

> 初，吴之未灭也，斗牛之间常有紫气，道术者皆以吴方强盛，未可图也，惟华以为不然。及吴平之后，紫气愈明。华闻豫章人雷焕妙达纬象，乃要焕宿，屏人曰：“可共寻天文，知将来吉凶。”因登楼仰观。……焕曰：“宝剑之精，上彻于天耳。”……华大喜，即补焕为丰城令。焕到县，掘狱屋基，入地四丈余，得一石函，光气非常，中有双剑，并刻题，一曰龙泉，一曰太阿。其夕，斗牛间气不复见焉。

这里天地对应，其精确程度竟可达到一幢房屋之内，纯为方术家之言，但它被记载在正史中。第二例见《后汉书》卷八十二《李郃传》：

郃袭父业，游太学，通五经。善《河》《洛》风星，外质朴，人莫之识。县召署幕门候吏。和帝即位，分遣使者，皆微服单行，各至州县，观采风谣。使者二人当到益部，投郃候舍。时夏夕露坐，郃因仰观，问曰："二君发京师时，宁知朝廷遣二使邪？"二人默然，惊相视曰："不闻也。"问何以知之。郃指星示云："有二使星向益州分野，故知之耳。"

李郃所见，可能是流星，但更可能他是从二人的言谈、物品等推测出他们身份的，分野之说不过是他的附会。然而即便如此，仍足见分野之说的应用及其流行。

三、星占学占辞分析

军国星占学的任务是预占战争胜负、年成丰歉、王朝安危等事。同时，可以被赋予星占学意义的天象极多，笔者将其分为七个方面：太阳类、月亮类、行星类、恒星类、彗流陨类、瑞星妖星类、大气现象类。

为能对古代中国星占学这方面的情形获得较为深入的感性认识，以下将对古代典型星占学著作中的若干占辞内容进行分析。

刘朝阳曾对《史记·天官书》作过统计分析工作。他选择《史记·天官书》为考察对象，所论极是。传世的星占学著作有不少，除专著外，一些正史中的《天文志》也属此类。在传世专著中，如《乙巳占》十卷，《灵台秘苑》十五卷，《开元占经》更达一百二十卷之巨，篇幅都过于浩繁；敦煌卷子中的星占篇章又零碎不全；再往后的一些星占书则年代太晚，且典型性不够。而《史记·天官书》长久以来一直是年代确切可考的传世星占著作中最早的一种，而且篇幅不太大，结构却十分完整；近年虽有马王堆汉墓帛书《五星占》出土，年代稍早一些，但毕竟简略不全。因此，《史记·天官书》确属较为合适的考察对象。

然而，刘朝阳对占辞的统计，又略有不妥之处。他可能将"（太白）出高，用兵深吉，浅凶；庳，浅吉，深凶”这样的占辞算作两条或四条，还可能将“毕曰罕车，为边兵，主弋猎”这样的语句也计入占辞，以致占辞数目达到321条，与笔者统计的结果242条相差颇远。而按照占辞的通常定义和下文所用分类项目名称含义来说，上引前一句应只算一条占辞，后一句则不能算占辞，因其中并不包含天象的变化及其与事件的联系（前一句中就含有这两个要素）。兹将笔者统计所得，分为20类，据同类占辞数量之多寡依次列表如下：

表2－2《史记·天官书》占辞统计表

序号	分类项目	占辞数目
1	战争	93
2	水旱灾害与年成丰歉	45
3	王朝盛衰治乱	23
4	帝王将相之安危	11
5	君臣关系	10
6	丧	10
7	领土得失	8
8	得天下	7
9	吉凶（抽象泛指者）	7
10	疾	5
11	民安与否	4
12	亡国	4
13	土功	3
14	可否举事	3
15	王者英明有道与否	2
16	得女失女	2
17	哭泣之声	2
18	天下革政	1
19	有归国者	1
20	物价	1

据上表，可以看到两点特征。首先，前三类占辞竟占了全部20类占

辞总数的67%，表明战争、年成、治乱这类主题受到特殊重视的程度。其次，全部占辞中，没有任何一类、任何一条不属于军国大事的范围之内（丧通常指君主王侯之丧，疾常指疾疫流行，等等，都不是对个人事务而言）。对《史记·天官书》的这一统计结果具有普遍意义，如对其他经典星占学著作施以统计，具体数据自然会稍有不同，但上述两点特征不会改变。古代中国的军国星占学，其格局可以说是一以贯之。

四、若干案例及成功原因分析

古人占论之法，大有高下。星占学著作中的占辞，作为占论的理论根据，固然必须熟读。但如果仅能就已出现的天象，依据有关占辞而论其吉凶，那只是最初级的水准。而此道高手，除了熟读、博览各家占辞占例，同时又精通历法，善于预推天象之外，还必须辅之以历史经验、社会心理、政治军事情报（因所论皆军国大事），并能巧妙地加以综合、解释甚至穿凿附会。故占论之法，各凭妙用，并无一定之规，唯一必须遵行的一点是：所作推论应能在星占学理论中找到依据（若各家之说互异，只取我所需亦可）。

通过若干著名星占事例，可以了解古人的占论之法。如郑国裨灶据“有星出于婺女”天象，而预言晋国国君将死事，主要是借助于分野理论、古代传说等背景知识，通过一系列的联想与附会，也许还有政治情报（比如晋君病重）来完成占论。又如北魏崔浩据火星运行状况而预言后秦即将灭亡之事，主要表现为对行星运动的精确掌握，再与政治情报加以巧妙结合处理，遂获得极大成功。

以下再剖析两例，以见古人占论之法如何不拘一格。如《国语》卷十《晋语四》：

董因逆公于河，公问焉，曰：“吾其济乎?”对曰：“岁在大梁，将集天行。元年始受，实沈之星也。实沈之墟，晋人是居，所以兴也。今君当之，无不济矣。君之行，岁在大火。大火，阏伯之星也，是谓大辰。辰以成善，后稷是相，唐叔以封。瞽史记曰：'嗣续其祖，如谷之滋。'必有晋国。……且以辰出，而以参入，皆晋祥也，而天之大纪也。济且秉成，必伯诸侯，子孙赖之，君无惧矣。"

这一例中，董因在星占学理论方面主要是利用分野之说立论。由本节已所述可知，大梁的分野为赵，实沈的分野为魏，但其时尚无赵、魏之国，地皆属晋，故谓"实沈之墟，晋人是居"。时为岁末，按岁星纪年之法，为岁在大梁，若公子重耳回晋即位，将使明年（岁在实沈）成为晋文公元年，故曰"元年始受，实沈之星也"。公子重耳在外流亡十九年，至此时方借秦军之力回国即位，由此时上推十九年，恰得岁在大火。至于由大火而大辰，而唐叔（晋国之祖），而"必有晋国"，则董因穿凿附会之巧智也。然而董因之说也符合星占学之旨，可举占辞为例，如李淳风《乙巳占》卷四《岁星占》云：

岁星所在处，有仁德者，天之所佑也，不可攻，攻之必受其殃。利以称兵，所向必克也。

所谓"所在处"，正是要靠分野之说来确定的，此处恰为晋国。而当时晋文公正是借秦国之力"称兵"夺权。由于古代中国星占学理论的继承性极强，故不难推断当时也有着与上引《乙巳占》中占辞相去不远之说，足为董因的占论提供依据。最后还必须指出，董因作为晋国大夫，当然掌握着足够的背景知识和政治情报，公子重耳素有声望，手下文武诸臣皆一时之选，却始终忠心耿耿伴随他一起流亡，十九年间，周游列国，政治阅历极其丰富，齐、楚、秦等大国的君王都与之结好，预计他日后必执掌晋国，现在乘晋国内乱之机，以秦军为后盾，回国入承君位，其成功是可想而知的，故董因的占论必然会得出成功的预言。如果这年岁星不在大梁，董因也必然会通过另一套附会之说，得出同样的结论。当然，在古人看来，公子重耳恰在“岁在大梁”的年末回国入承君位，正是天意要他重振晋国的表现，倘若他别的年头回来，就不能成功，所以董因的预言只是将固有的天意阐明而已。这些预言后来全都应验了。

北魏名臣崔浩以精通星占著称于世，此处再举一例，《魏书》卷三十五《崔浩传》：

> (泰常)三年，彗星出天津，入太微，经北斗，络紫微，犯天棓，八十余日，至汉而灭。太宗复召诸儒术士问之曰：“今天下未一，四方岳峙，灾咎之应，将在何国？朕甚畏之，尽情以言，勿有所隐。”咸共推浩令对。浩曰：“古人有言，夫灾异之生，由人而起。人无衅焉，妖不自作，故人失于下，则变见于上，天事恒象，百代不易。《汉书》载王莽篡位之前，彗星出入，正与今同。国家主尊臣卑，上下有序，民无异望。唯僭晋卑削，主弱臣强，累世陵迟，故桓玄逼夺，刘裕秉权。彗孛者，恶气之所生，是为僭晋将灭，刘裕篡之之应也。”诸人莫能易浩言。太宗深然之。
>
> 五年，裕果废其主司马德文而自立。南镇上裕改元赦书，时太宗幸东南瀉卤池射鸟，闻之，驿召浩，谓之曰：“往年卿言彗星之占验矣。朕于今日始信天道。”

彗星出现，为不祥之兆，这在古代社会众所周知。该例中，崔浩主要的预测，主要基于他的政治预见能力。彼时代刘裕早已集东晋王朝军政大权于一身，且又刚刚北伐获胜，攻灭后秦，并将末帝姚泓俘至建康处死（417），又晋封为宋王，威名赫赫，功高震主，其篡晋自代已成不可阻挡之势，这一点高明的政治家崔浩当然看得出来。至于援引王莽篡汉前彗星出入云云，则不过是占论中的技巧而已。

由以上所述诸例，古代中国星占学占论之法已可略见一斑。简而言之，此中精义只在星占术士灵活运用而已，若处理过于机械刻板，照搬星占经典，就会落于下乘。

第五节 天学在古代文化中的重要地位

天学在中国古代文化中具有重要地位，本节将从正史、典籍、文学艺术、建筑与墓葬四方面进行讨论。

一、正史

中国古代最系统、最完整、记载资料最丰富的天学典籍，当首推历代官史中之“天学三志”。西汉司马迁作《史记》“欲以究天人之际，通古今之变，成一家之言”（《汉书·司马迁传》），凡一百三十篇，分十二本纪、三十世家、七十列传、十表、八书。作为中国古代第一部纪传体通史，《史记》体制亦为后代史官沿用，历代官史中之天学三志——律历志、天文志、五行志，便是从《史记》八书中之律书、历书、天官书演绎而成的。

历代官史共二十五种，其中十八史有志，今将此十八史中天文、律历（如律与历分为二志，则只列历志）、五行三志的情况一览如下（三志先后按各史原来顺序）：

《史记》:《历书》《天官书》

《汉书》:《律历志》《天文志》

《后汉书》:《律历志》《天文志》《五行志》

《晋书》:《天文志》《律历志》《五行志》

《宋书》:《历志》《天文志》《符瑞志》《五行志》

《南齐书》:《天文志》《祥瑞志》《五行志》

《魏书》:《天象志》《律历志》《灵征志》

《隋书》:《律历志》《天文志》《五行志》

《旧唐书》:《历志》《天文志》《五行志》

《新唐书》:《历志》《天文志》《五行志》

《旧五代史》:《天文志》《历志》《五行志》

《新五代史》:《司天考》

《宋史》:《天文志》《五行志》《律历志》

《辽史》:《历象志》

《金史》:《天文志》《历志》《五行志》

《元史》:《天文志》《五行志》《历志》

《明史》:《天文志》《五行志》《历志》

《清史稿》:《天文志》《灾异志》《时宪志》

以上为历代官史中“天学三志”的大致情况，其中有几史中三志名称稍有变化，但其所述内容仍与传统相符。

“天学三志”之五行志专述该朝灾导、祥瑞的情况，为各地灾异、祥瑞报告的文献汇总。此内容与天文、历法相关不大，但基本理论仍一统于中国古代天人感应、天人合一的基本思想。

“天学三志”之律历志，顾名思义是关于该朝律与历的文献汇总。《史记》分律书与历书，《汉书》合成律历志。以后到两唐书始，专设历志。律、历时分时合，古代天学家们相信它们之间有某种联系。究竟为何，还有待于深入考证，这里专述律历志中关于历法部分的内容。

各史历志（律历志）所述的内容又大致可分为两部分。第一部分按时间顺序叙述该朝历法沿革情况，包括大臣对历法的议论，围绕某部历法的争论，有关部门提请改历的奏疏及皇帝下达的改历诏书等等与历法有关的文献资料。从这一部分史料汇编中可以获知历法在古代是怎样进入一种官方的运行机制的。历志之第二部分记录了当朝行用之主要历法的推步原理和基本数据。其中《晋书·律历志》收录后汉刘洪《乾象历》,《隋书 · 律历志》收录隋刘焯《皇极历》是两个例外。历志记录的历法原理和数据是后人研究古代历法重要的，而且几乎是唯一的史料来源。

"天学三志"之天文志所记录之史料包括该朝发生的天文大事、天象记录，以及对应的星占占辞等。历代官史中的天文志是古代天象记录的主要来源。兹以《宋史 · 天文志》为例，列其主要内容如下:

天文志一:仪象、极度、黄赤道、中星、土圭

天文志二:紫微垣、太微垣、天市垣

天文志三:二十八舍上

天文志四:二十八舍下

天文志五:七曜、景星、彗孛、客星、流星、妖星、星变、云气、日食、日变、日辉气、月食、月变、月辉气

天文志六:月犯五纬、月犯列舍上

天文志七:月犯列舍下

天文志八:五纬犯列舍

天文志九:岁星昼见、太白昼见经天、五纬相犯、老人星

天文志十:流陨一

天文志十一:流陨二

天文志十二:流陨三

天文志十三:流陨四

《宋史 · 天文志》共十三卷，从仪象制造起，备述天体坐标、天体测量、三垣二十八宿各星官介绍及对应之星占含义，日月五星、日食、月食之天象记录及星占含义，日月五星与二十八宿相犯之天象记载及星占含义，流星天象记录等等。记录按时间顺序，丰富而完备。其他各史之天文志或许不像《宋史 · 天文志》那样列出如此详尽的细目，但基本内容大致

相同。

二、典籍

古人未必具有构造某种完备知识系统的自觉意识，这在一定程度上对今天的研究反而有利，因为这样有可能更真实地看到古人心目中重视的是哪些知识。可以选择几部在中国传统文化中影响较大、较为著名的著作来考察，看天学在其中居于什么地位。

战国末年的《吕氏春秋》，可以看作是一部“准百科全书”式的著作。关于其背景与作意，《史记》卷八十五《吕不韦列传》中有云：

> 吕不韦乃使其客人人著所闻，集论以为八览、六论、十二纪，二十余万言。以为备天地万物古今之事，号曰《吕氏春秋》。布咸阳市门，悬千金其上，延诸侯游士宾客，有能增损一字者予千金。

所谓“备天地万物古今之事”，与司马迁的“究天人之际，通古今之变”是一样的。至于悬千金而征能增损一字者，自然别有用意，此处不必论，但吕氏对此书的自负还是可以推想的。

在这部“备天地万物古今之事”的著作中，天学的地位十分奇特。全书之前十二卷，即所谓十二纪，依次为：

> 孟春纪、仲春纪、季春纪、孟夏纪、仲夏纪、季夏纪、孟秋纪、仲秋纪、季秋纪、孟冬纪、仲冬纪、季冬纪。

上述十二纪中所论，大体不出政治、伦理和哲学范畴，但是每纪之首章，都是关于天象、时令之说，姑举卷一《孟春纪》为例：

> 孟春之月，日在营室，昏参中，旦尾中。其日甲乙，其帝太皞，

其神句芒。其虫鳞，其音角，律中太蔟，其数八，……是月也，以立春。先立春三日，太史谒之天子曰："某日立春，盛德在木。"……乃命太史守典奉法，司天日月星辰之行，宿离不忒，无失经纪，以初为常。

上述说法，在战国至秦汉之际极为盛行，《吕氏春秋》十二纪之首章，与《礼记·月令》《淮南子·时则训》大同小异，此外《大戴礼·夏小正》《管子·幼官》，以及长沙子弹库楚帛书丙篇，乃至云梦睡虎地秦简《日书》中的有关部分，也都是同类性质的文献。这套说法本身，对于深入理解古代中国天学自然极为重要。此处需要注意者，则在《吕氏春秋》以之来统摄十二纪，足见其受重视的程度；同时，这些文献又是天学在古代政务中居特殊地位的另一方面表现。这当然与古人关于为政"顺四时"的观念有联系，但是问题还要复杂得多。

《淮南子》大体可视为《吕氏春秋》的同类著作，不过年代略晚数十年而已。全书正文为二十"训"，显然也是备论"天地万物古今之事"的，先列出如次：

原道训、俶真训、天文训、地形训、时则训、览冥训、精神训、本经训、主术训、缪称训、齐俗训、道应训、泛论训、诠言训、兵略训、说山训、说林训、人间训、修务训、泰族训。

《淮南子》中的知识系统的格局，与《史记》八书、《汉书》十志颇有相似之处。其中《天文训》约略相当于天文志；《时则训》基本上是《吕氏春秋》十二纪首章的汇合，各章的某些内容后来也成为正史律历志中的组成部分。

中国古代的类书是一种特殊书籍，今人已普遍称之"中国古代的百科全书"。以类书作为古代中国知识系统的标本加以考察，应当具有很大的代表性。姑举较有代表性的三部类书之部类名目为例。

唐初编撰的《艺文类聚》，全书一百卷，分为四十六部，部目如下：

> 天、岁时、地、州、郡、山、水、符命、帝王、后妃、储宫、人、礼、乐、职官、封爵、治政、刑法、杂文、武、军器、居处、产业、衣冠、仪饰、服饰、舟车、食物、杂器物、巧艺、方术、内典、灵异、火、药香草、宝玉、百谷、布帛、果、木、鸟、兽、鳞介、虫豸、祥瑞、灾异。

其分类在今天看来有点不伦不类，在古人心目中也未为尽善，《四库全书总目》说它"丛脞少绪"。不过这里日常物质生活和百工技艺总算有了一席之地——当然与天学的地位仍不可同日而语。

宋王应麟辑《玉海》，分为二十一门：

> 天文、律历、地理、帝学、圣文、艺文、诏令、礼仪、车服、器用、郊祀、音乐、学校、选举、官制、兵制、朝贡、宫室、食货、兵捷、祥瑞。

这里上层精英文化的味道更重些，更多地注意政治文化，而《艺文类聚》中那种"博物"趣味减少了。

再看清代的《古今图书集成》，分为六编三十二典，其目如下：

> 历象编，四典：
>
> 乾象、岁功、历法、庶征。
>
> 方舆编，四典：
>
> 坤舆、职方、山川、边裔。
>
> 明伦编，八典：
>
> 皇极、宫闱、官常、家范、交谊、氏族、人事、闺媛。
>
> 博物编，四典：

艺术、神异、禽虫、草木。

理学编，四典：

经籍、学行、文学、字学。

经济编，八典：

选举、铨衡、食货、礼仪、乐律、戎政、祥刑、考工。

与《艺文类聚》相比，部目并无多大不同。事实上，两千年间，中国人对知识系统的看法没有发生过本质的变化。

在上述三部类书中，天学都位于各部目之首。这并非巧合，现今所见的古代综合性类书，全都把“天部”列于首位。古人固然喜欢因循旧例，似乎其间并无深意，但当初开创此例，总应有其原。

另有一些专门类书，因其不能像综合性类书那样作为古人知识系统的标本，自然不在论例。这与天文志常居于正史各志之首，显然是同一原因。这一原因，在上古时本是大人君子们素所深知的；后来知之者渐少，但仍不乏其人；到了现代，在重重历史性误解之下，终于变得罕为人知了，非发微探秘，层层抽剥，绝难明其所以。

三、文学艺术

天学对中国古代文学的影响源远流长，不同时代的各种作品和表现手法也多姿多彩。此处仅就若干重要方面略言之。

天学对先秦文学的影响，很早就为人们注意。这种影响在《诗经》中表现得特别明显，而《诗经》又在后世长期居于“经”的崇高地位，因此对《诗经》中涉及的天学内容的研究解释，也被提升到“经学”的高度。

《诗经》多处涉及天学这一点给古人留下的印象是如此深刻，以致顾炎武有“三代以上人人知天文”的名言。其实《诗经》中的天学内容，都只是诗人的吟咏之辞，离“知天文”还有很大距离。《诗经》中出现最多的是恒星星象，如：

嘒彼小星，三五在东。

嘒彼小星，维参与昴。

——《诗经·召南·小星》

子兴视夜，明星有烂。

——《诗经·郑风·女曰鸡鸣》

绸缪束薪，三星在天。

绸缪束刍，三星在隅。

绸缪束楚，三星在户。

——《诗经·唐风·绸缪》

维南有箕，不可以簸扬。
维北有斗，不可以挹酒浆。
维南有箕，载翕其舌。
维北有斗，西柄之揭。

——《诗经·小雅·大东》

月离于毕，俾滂沱矣。

——《诗经·小雅·渐渐之石》

此外也有涉及历法和物候及季节工作的，《诗经·豳风·七月》就是这方面的代表作。这首诗在某种程度上与古希腊赫西俄德的《工作与时日》有异曲同工之处。《诗经·大雅·灵台》也非常著名。而引起现代天文学史研究者最大注意的，不能不数《诗经·小雅·十月之交》：

> 十月之交，朔日辛卯，日有食之，亦孔之丑。……日月告凶，不用其行。四国无政，不用其良。彼月而食，则维其常。此日而食，于何不臧。

不过他们通常都着眼于推算这次日食发生的年代日期，并不注意诗歌本身的情绪和气氛——这样做实际上对推算是不利的。

除《诗经》之外，楚辞《天问》也是一些现代研究者比较注意的文献。篇中有一些涉及宇宙的提问。不过要说楚辞对后世"天文文学"的影响，更值得注意的应是《离骚》《远游》等篇中的一些表现手法。

进入汉代，距先秦之风尚未远，在诗歌中咏及天象以抒发情怀或渲染气氛的手法仍然可见。其中最引人注意的是不知名作者的《古诗十九首》，这是一组风格相似、约创作于东汉后期的具有极高艺术水准的组诗。《古诗十九首》歌咏天象的手法与《诗经》十分相近，如："迢迢牵牛星，皎皎河汉女。……河汉清且浅，相去复几许。"（《古诗十九首·迢迢牵牛星》）"愁多知夜长，仰观众星列。三五明月满，四五蟾兔缺。"（《古诗十九首·孟冬寒气至》）但是最著名的是下面四句：

> 明月皎夜光，促织鸣东壁。玉衡指孟冬，众星何历历。（《古诗十九首·明月皎夜光》）

这四句诗引起了古今学者长期不断的争论。由于前两句所述显然为秋天景色及物候，这就与"玉衡指孟冬"句看来有矛盾；而后一句又牵涉到古代天学中利用北斗指向以定季节的方法和约定，因此众说纷纭，迄今未有完全的定论。其实对于这问题，与《诗经·小雅·十月之交》中的日食问题一样，应该将天文学知识与诗歌艺术相结合来考虑，不可偏执一端——诗歌毕竟不是天学家的“灵台候簿”，不能当作单纯的天象记录看待。

汉代另一篇被注意到的与天学有关的文学作品是张衡《思玄赋》中的一段。主要是利用星官名和星名连缀成假想远行的句子：

> 命“王良”掌“策”驷兮，逾高“阁”之锵锵。建罔“车”之幕幕兮，猎青林之芒芒。弯威“弧”之拨剌兮，射嶓冢之封“狼”。观“壁垒”于“北落”兮，伐“河鼓”之磅硠。乘“天潢”之泛泛兮，浮云汉之汤汤。倚“招摇”“摄提”以低回剹流兮，察二纪、五纬之绸缪遹皇。

其中有引号者皆为中国古代的星名或星官名。有的学者曾将《思玄赋》誉为汉代的“科学幻想诗”，说上面那一段已经幻想飞出太阳系而遨游于星际空间，未免稍过夸张。因为《思玄赋》甚长，涉及天学星名者仅上引极小一段，且此赋的题旨，张衡在序中说得很明白，是：“衡常思图身之事，以为吉凶倚伏，幽微难明，乃作《思玄赋》，以宣寄情志。”至于上面这段遨游文字，也没有什么创新之意，不过是楚辞中《离骚》《远游》等篇早已用过的表现方式——用一串神话传说中的地名（往往会与日月星辰有关）连缀成句，假想自己前往漫游。这只是在文学创作过程中“宣寄情志”的一种方法。

另有一类与天学直接有关的文学作品——至少是“准文学作品”，传世数量虽不大，却有相当的重要性。这是一些帮助人们记认恒星星名、位置的普及作品，通常采用诗体或赋体。其中最有代表性的自然是《步天歌》，一些学者断定作者是盛唐时人王希明。《步天歌》用七言诗句描述全天星体的名称、位置、形状和星数，兹举其中角宿为例：

两星南北正直著，

中有平道上天田，

总是黑星两相连，

别有一乌名进贤。

平道右畔独渊然，

最上三星周鼎形，

角下天门左平星，

双双横于库楼上，

库楼十星屈曲明。

楼中柱有十五星，

三三相著如鼎形。

其中四星别名衡，

南门楼外两星横。

如此遍述三垣二十八宿。这种形式的作品渊源很早。相传东汉张衡曾作《天象赋》，但无传本。又北魏太武帝时太史令张渊曾作《观象赋》，也是类似作品。唐初有《天文大象赋》，作者是大星占学家李淳风之父李播。“初唐四杰”中的杨炯也作《浑天赋》，介绍星象的同时引用不少典故。又有保存在敦煌卷子中的《玄象诗》（敦煌文献 P.2512 号），亦属《步天歌》类型的作品。这类作品后世继响不绝，如宋吴淑的《星赋》、元汪克宽的《紫微垣赋》、清吴锡祺的《星象赋》等等。这一类作品有普及星象知识的作用，有些则是文士驰骋辞藻典故的游戏笔墨，一般在文学上没有什么历史地位。

由于天学仪器是神圣的通天礼器，属于“国之重器”之列，因此历代宫廷文学侍从之臣的“颂圣文学”中又有不太为文学史家所注意的一支，专以歌咏描述天学仪器（或灵台）为题。这一支历代相承，数量也有不少。较早的实例可举东汉班固的《灵台诗》：

乃经灵合，灵台既崇；帝勤时登，爰考休征。三光宣精，五行布序；习习祥风，祁祁甘雨。百谷溱溱，庶卉蕃芜；屡惟丰年，于皇乐胥。

堆砌一些祥和、吉利的话头，以及华丽、夸张的辞藻，而以歌颂王朝圣明为旨归，是这一派作品的共同特征。比如三国西晋之际陆机的《漏刻赋》：

伟圣人之制器，妙万物而为基。形罔隆而弗包，理何远而不之。寸管俯而阴阳效其绳，尺表仰而日月与之期。玄鸟悬而八风以情应，玉衡立而天地不能欺。既穷神以尽化，又设漏以考时。……

稍后东晋孙绰也著有《漏刻铭》，此后历代承传，同类之作络绎不绝。元代天学仪器的制造装备达到一个高潮，宫廷文学侍从之臣也留下了相当多这类作品。比如姚燧的《简仪铭》《仰仪铭》，杨桓的《太史院铭》《浑象铭》《玲珑仪铭》《高表铭》，于慎行的《简仪赞》，张一桂的《简仪赞》，等等。姑举《高表铭》中一段为例：

几限容光，圭表交应。器术之密，推步之精。历古于今，斯毕其能。上天之载，无声无臭。圣王仪刑，在其左右。仁民育物，以对天佑。眉寿万年，宝兹悠久。

对于这类歌颂升平、宣扬“圣德”的文字，有帝王也会以“御制”来凑兴。如明英宗有《观天器铭》(极有可能是由文学侍从之臣代笔)，清乾隆帝有《观象台诗》——内中竟有“命羲仲和叔，在璇玑玉衡”这等不成诗之句。最后，清代的著名天文学家梅文鼎，本是布衣，但既蒙“异数”而被康熙引为学问朋友，也就做起一篇《拟璇玑玉衡赋》来，篇幅之长，堪称历代同类作品之最。

天学对古代中国的艺术也非常有影响。较明显的例子可举出如下几端：一是星图的绘制，其中有些具有天文学意义，但还有许多星图（如绘在墓室室壁、室顶上荐）常常只有象征意义或装饰意义。二是画像砖、墓志盖等处的星象图，这也都是起装饰作用的。三是六朝隋唐画家中流行的星神画像，此事与域外天学在中土的传播有关。

四、建筑与墓葬

古代中国人笃信天人感应之说，因此在建筑城市或宫殿时常有意与某些天象相附会。这可以从文献记载和遗址实物两方面得到证实。例如：

（吴王阖闾问）夫筑城郭，立仓库，因地制宜，岂有天气之数以威邻国者乎？子胥曰：有。……象天法地，造筑大城。（《吴越春秋》第四）

范蠡曰：臣之筑城也，其应天矣，昆仑之象有焉。（《吴越春秋》第八）

（始皇）更命信宫为极庙，象天极。（《史记·秦始皇本纪》）

（始皇）因北陵营殿，端门四达，以则紫宫，象帝居。渭水贯都，以象天汉；横桥南渡，以法牵牛。（《三辅黄图》卷一）

（汉代长安城）周回六十五里。城南为南斗形，北为北斗形，至今人呼汉京城为斗城是也。（《三辅黄图》卷一）

上面这些记载都表明古人有意模仿天象以决定城市、宫殿的形状或命名。类似的例子还可以找到不少。比如汉代未央宫沧池中有渐（音如jiān）台，这是以星官名命名的。又如未央宫内有白虎殿、朱雀堂，又有玄武、苍龙二阙。苍龙、朱雀、白虎、玄武被古人视作“天之四灵，以正四方”（二十八宿依东、南、西、北分为四方，每方七宿，亦以“东方苍龙”“南方朱雀”……名之），是“王者制宫阙殿阁取法”的对象。再如唐初著名的“玄武门之变”，玄武门即宫城的北门——四方四灵中玄武总是对应北方。从古代遗址实物来看，也有证据表明古人取法天象建造城市确有其事。比如汉代长安城，其城垣基址仍残存大部，据此绘出的平面复原图，完全证实了《三辅黄图》中长安城“南为南斗形，北为北斗形”的记载。

吴王城之“象天法地”、越王城之“应天”、汉长安城之形成“斗城”等等，这类做法在其他古代文明中也经常可见。比如古代罗马城、一些印度城市、柬埔寨的吴哥古城、泰国的曼谷城等，都通过一些象征性的安排，强调自己这座王城是在宇宙的中心。汉代长安城建成斗形，以及秦始皇将信宫命名为“极庙”，用意与此完全吻合——“斗为帝车，运于中央，临制四向”（《史记·天官书》）的观念在中国古代深入人心。天上群星都拱绕着北斗运行，地上四方都由大帝国的中枢——伟大的长安城——来统治和控制。

与城市、宫殿建筑中“象天法地”的做法类似，古代墓葬中比附天学的情况也很常见。秦始皇墓就是如此：

> 始皇初即位，穿治郦山，……以水银为百川江河大海，机相灌输，上具天文，下具地理。（《史记·秦始皇本纪》）

在墓室中绘制天象图，已经发现许多实例。年代较早的有河南洛阳西北郊西汉墓（1957年发掘），壁画中绘有日、月和星官图形。稍后河南南阳许多汉墓中画像砖上的天象图，其内容及形式也可归为同一类。再往后可以提到洛阳北魏元乂墓星象图、新疆吐鲁番唐墓顶部星图、临安晚唐钱宽墓二十八宿北斗星图、杭州吴越王钱元瓘墓石刻星图等。还有河北宣化下八里村发现的三座十二世纪初年的墓葬，三墓顶部皆有彩绘天象图，为环状的二十八宿及日、月图像；其中两座辽墓中还绘有黄道十二宫，更值得注意。

这些墓葬天象图，大都只具有象征或装饰意义，只有个别可能有实际的天文学意义。而绘有天象图的墓葬，在古代西方也很常见。比如古埃及、古罗马王室和贵族的墓中，也发现了不少天象图。可知这和城市、宫殿建筑中比附天学一样，也是古代世界一种比较普遍的现象。

第三章

天学机构与天学家

第一节 天学机构

一、天学机构之沿革

不识庐山真面目，只缘身在此山中。一个民族文化的特征，往往可以通过异文化者以“他者”的眼光观察而得出。

十九世纪末，F.屈纳特在谈论中国古代天文历法性质时，用夸张的语调写道：

> 许多欧洲人把中国人看做是野蛮人的另一个原因，大概是在于中国人竟敢把他们的天文学家——这在我们有高度教养的西方人眼中是最没有用的小人——放在部长和国务卿一级的职位。这该是多么可怕的野蛮人啊！[①]

由于文化背景不同，天学官员与天学机构在古代中国社会中的特殊地位，天文学家是天意的解释者，确实很容易令西方学者感到惊奇：

---

① 李约瑟：《中国科学技术史》第四卷，《中国科学技术史》翻译小组译，科学出版社，1975年，第2页。

希腊的天文学家是隐士、哲人和热爱真理的人，他们和本地的祭司一般没有固定的关系；中国的天文学家则不然，他们和至尊的天子有着密切的关系，他们是政府官员之一，是依照礼仪供养在宫廷之内的。①

上述论述，对于绝大部分的现代中国人来说，或许又将引起惊奇和疑惑；但是这些论述大体上与历史事实相符合，因而大体上不失为正确。

天学家与天学机构在古代中国社会中的特殊地位，首先表现在：天学机构是政府的一个部门，供职于其中的天学家是政府官员。所谓“依照礼仪”供养天学家于宫廷中，正是指天学家具有政府官员身份，由他们组成政府的一部分。这与帝王令其他方术之士供奉内廷，如汉武帝时之李少君、齐人少翁、栾大（《史记》卷二十八《封禅书》），曹操时之甘始、左慈、东郭延年（《后汉书》卷一百一十二下《甘始传》），乃至清圣祖、世宗时之内廷烧炼方士（《世宗宪皇帝上谕内阁》卷七十六、《世宗实录》卷九十八等）之类，性质完全不同。后者有时虽然也被加以官爵，如少翁为文成将军、栾大为五利将军，但他们绝不构成政府机关的一部分，也不能厕身于正式官员之列——或者说，他们不是“依照礼仪”而为官的（至于以方术得宠幸而致高官，则性质已经改变，另当别论）。

天学家之为朝廷命官，在古代中国渊源甚早。《尚书·尧典》中即有帝尧任命天学官员之记载，其是否确为帝尧时事、帝尧时代究竟距今多远，虽然都尚属可以争论之事，但《尚书·尧典》反映了天学家在上古时为朝廷重要命官，这一点终属可信。进一步的证据可见于《周礼》一书。（陈汉平据西周金文中所见官制而与《周礼》所言相参证，认为《周礼》内容有相当成分为西周官制之实录，保存有相当成分之西周史料。②）

① 李约瑟：《中国科学技术史》第四卷，《中国科学技术史》翻译小组译，科学出版社，1975年，第2页。

② 参见陈汉平：《西周册命制度研究》，学林出版社，1986年，第214页。

《周礼·春官宗伯》所载之各种职官中，至少有如下六种明显与天学事务有关：

大宗伯之职，掌建邦之天神人鬼地示之礼，以佐王建保邦国。以吉礼事邦国之鬼神示，以禋祀祀昊天上帝，以实柴祀日月星辰……

占梦，掌其岁时，观天地之会，辨阴阳之气，以日月星辰占六梦之吉凶……

视祲，掌十辉之法，以观妖祥、辨吉凶。一曰祲，二曰象，三曰鑴，四曰监，五曰闇，六曰瞢，七曰弥，八曰叙，九曰隮，十曰想。掌安宅叙降，正岁则行事，岁终则弊其事。

大史，掌建邦之六典以逆邦国之治。……正岁年以序事，颁之于官府及都鄙，颁告朔于邦国。闰月，诏王居门，终月，大祭祀，与执事卜日。戒及宿之日，与群执事读礼书而协事。

冯相氏，掌十有二岁，十有二月，十有二辰，十日，二十有八星之位，辨其叙事，以会天位。冬夏，致日，春秋，致月，以辨四时之叙。

保章氏，掌天星以志星辰日月之变动，以观天下之迁，辨其吉凶。以星土辨九州之地——所封封域，皆有分星，以观妖祥。以十有二岁之相观天下之妖祥。以五云之物辨吉凶水旱降丰荒之祲象。以十有二风察天地之和，命乖别之妖祥。凡此五物者，以诏救政，访序事。

以上各官之级别、僚属等，也规定甚明：

大宗伯，卿一人。

占梦，中士二人，史二人，徒四人。

视祲，中士二人，史二人，徒四人。

大史，下大夫二人，上士四人。

冯相氏，中士二人，下士四人，府二人，史四人，徒八人。

保章氏，中士二人，下士四人，府二人，史四人，徒八人。

由上可见，大宗伯职掌甚多，天学事务不过其中一个方面而已。在他之下，大史的级别较高，职掌也颇多；而占梦、视祲、冯相氏、保章氏则为具体事务之负责人。

上述职官，是否真为西周时之真实情况，在此并不重要，此处不过视之为古时确有天学官员、天学机构之反映而已。而《周礼》所述官制，曾对后世政府机关之构成，产生过重大影响，则为无可怀疑之事。

《周礼》中，"春官宗伯"所载至少有六种职官，其司职都与古代天学事务有关：

大宗伯（祭祀天地鬼神日月星辰）

占梦（察天地阴阳，以日月星辰占梦）

视祲（观察异常天象）

大史（颁告朔，为大事择吉日）

冯相氏（管理历法）

保章氏（进行星占）

那时大宗伯和太史还要担任许多其他工作。演变到秦汉时期，上述这些与天学有关的事务都归太史（即"大史"）领导，由他督率属员去进行；太史于是成为皇家天学机构负责人的专称。不过这一机构的名称及其负责人的官名，历代常有变动，下面开列这方面变动沿革的主要情形：

表3-1 皇家天学机构沿革表

机构名称	首脑官名	时代
	太史令	秦
	太史公	汉武帝时

续 表

机构名称	首脑官名	时代
	太史令	汉宣帝时起，直至南北朝结束
太史曹	太史令	隋文帝
太史监	太史令	隋炀帝
太史局	太史令	唐初
秘书阁	郎中	唐高宗龙朔二年
太史局	太史令	唐高宗咸亨初年
浑天监	浑天监	武则天久视元年
浑仪监	浑仪监	武则天久视元年
太史局	太史局令	武则天长安二年
太史监	太史局令	唐中宗景龙二年
太史监	太史监	唐玄宗开元二年
太史局	太史令	唐玄宗开元十四年
太史监	大监	唐玄宗天宝元年
司天台	大监	唐肃宗乾元元年
司天监	司天监	北宋初至宋神宗
太史局	太史令	宋神宗至南宋末
司天监	太史令	辽
司天监	提点	金
太史院	院使	元
司天台	司天监	元
钦天监	监正	明
钦天监	监正	清

名称虽然屡变，但皇家天学机构的地位和性质，确实是自《周礼》以下一脉相承，垂数千年而不变。其中唐代皇家天学机构的名称及隶属关系变动特多，主要与武周政权的兴替及改制有关。至明、清两代则定名钦天监，五百余年不再发生变化。

与现代社会中天文学家的身份截然不同，古代皇家天学机构的负责人及其属吏都是政府官员；天学机构则是中央政府的一个部门。不过这个部门在理论上的品级却一直不太高。汉代的太史令只是年俸六百石的中下级官吏；唐代天学机构曾达到最高品级，亦不过三品而已；明、清时代钦天监负责人则在五品左右。另外有些天学家曾做到更高的官品，那是因为其他职务之故，天学机构的品级并不因此而发生变动。

二、天学机构在朝廷中的地位

皇家天学机构的品级虽只在五品左右，但它以及它的负责人在古代中国政治运作中的重要作用，却是其余同级官员难以相比的。此事主要有两种情况。

一是由于太史令之类首席皇家天学家作为“天意”的解释者和传达者，被认为能够洞晓天人之际的大奥秘，因此他俨如帝师。在某些政治上的重要关头，五品太史令之言，可能比一品大员的话更有分量。例如东晋末年，刘裕功高震主，篡晋之势已成，群臣乃向已封宋王的刘裕“劝进”，刘裕假意一再推让：

> 于是陈留王虔嗣等二百七十人，及宋台群臣，并上表劝进。上犹不许。太史令骆达陈天文符瑞数十条，群臣又固请，王乃从之。(《宋书·武帝本纪》)

假意推让当然是演戏，中国历史上几乎所有“禅让”之事都要演此一出。但在这出戏中，太史令骆达的作用就超出数百名王公大臣——他陈述“天文符瑞数十条”，就昭示了“天命”已转归于宋，故刘裕篡晋之举是深合“天意”的，因而具有合法性。在中国古代，人们普遍认为这种合法性只有天学家才有资格加以确认。

二是历史上有不少著名天学家深得帝王宠信，他们在负责天学机构的同时，另任高官，这样他们在政治事务上的发言权就更加与众不同。例如明代刘基就担任过朱元璋称吴王时的太史令，他本是朱元璋的头号谋士，他就军政大计发表意见的分量，自然不是一般的中级官员可比。

皇家天学机构的规模，早期比较小。西汉太初改历时，从各地召来懂历术之士，那只是临时性的，并非常设机构。

宋人徐天麟撰《西汉会要》，关于西汉的皇家天学机构，仅能从《汉书》之《律历志》《郊祀志》《李广传》等处收集零星材料，知西汉有“大典星”“治历”“望气”“望气佐”等天学官职。东汉情况稍详，亦仅知太史令一人，秩六百石（此与唐初太史局令仅为从五品下颇相似）。其属吏有丞一人，又明堂丞及灵台丞各一人，秩皆仅二百石。然而据刘昭《后汉书志注》引《汉官仪》，则太史令有直接领导的属员三十七人；由太史令领导的灵台丞又有属员四十二人。在太史令的三十七属员中有如下分工：

治历，六人；

龟卜，三人；

庐宅，三人；

日时，四人；

易筮，三人；

典禳，二人；

籍氏，三人；

许氏，三人；

典昌氏，三人；

嘉法，二人；

请雨，二人；

解事，二人；

医，一人。

灵台丞四十二名属员的分工则是：

候星，十四人；

候日，二人；

候风，三人；

候气，十二人；

候晷景，三人；

候钟律，七人；

舍人，一人。

由此可以推测两汉时期皇家天学机构的大致规模。

三国两晋南北朝直至隋代的情形，资料稍感缺乏。清代纪昀等撰《历代职官表》卷三十五引《唐六典》云："魏太史令吏员，有望候郎二十人，候部郎十五人"，"（晋）太史吏员，有典历四人，望候郎二十人，候部吏十五人"。又据《隋书·百官志》，隋文帝时太史令的属吏曾有"司辰师"四人，而"漏刻生"则多达一百一十人之众。

从唐代以下，史料较为丰富，兹略述如下：

唐代的皇家天学机构一直相当庞大。其极致或当数唐肃宗乾元年间，改太史监为司天台，又另建新台，重设官员，其数不同于旧制。兹详列如下，以见昔日大唐帝国之流风遗韵：

大监，一人；

少监，二人；

五官保章正，五人；

丞，三人；

主簿，三人；

定额值，五人；

五官灵台郎，五人；

五官司历，五人；

五官监候，五人；

五官挈壶正，五人；

五官司辰，十五人；

五官礼生，十五人；

五官楷书手，五人；

令史，五人；

漏刻博士，二十人；

典钟、典鼓，三百五十人；

天文观生，九十人；

天文生，五十人；

历生，五十五人；

漏生，四十人；

视品，十人。

以上总计 694 人。如此庞大的天学机构，在世界历史上恐怕也罕有其匹了。几年后虽然稍有精简，仍达 671 人。当然，其中的“典钟、典鼓”等可能已是仪仗队的性质。

宋、辽、金三朝的皇家天学机构，似乎较为精简，据史籍所载其职官及属员，在几十人至百人不等。

及元朝完成一统，接收了宋、金两朝的皇家天学机构及其人员，忽必烈对天学事务极为重视，又建立起汉、回（伊斯兰）两套天学班子——在上都建“回回司天台”，在大都（北京）建司天台作为太史院的办公之所，天学机构又趋庞大，而且关系复杂。元初皇家天学机构首脑太史院院使的官阶高达正二品，又有司天监、回回司天监，皆与太史院并列（首脑的品级稍低）。其司天监职官设置如下：

提点，一人；

司天监，三人；

少监，五人；

监丞，四人；

知事，一人；

提学，二人；

教授，二人；

学正，二人；

天文科管勾，二人；

算历科管勾，二人；

三式科管勾，二人；

测验科管勾，二人；

漏刻科管勾，二人；

阴阳管勾，一人；

押宿官，二人；

司辰官，八人；

天文生，七十五人。

回回司天监职官规模如下：

提点，一人；

司天监，三人；

少监，二人；

监丞，二人；

知事，一人；

教授，一人；

天文科管勾，一人；

算历科管勾，一人；

三式科管勾，一人；

测验科管勾漏刻科管勾，一人；

阴阳人，十八人。

太史院是专门负责造历颁发事务的机构，其职官规模如下：

院史，五人；

同知，二人；

佥院，二人；

同佥，二人；

院判，二人；

经历管勾，一人；

都事管勾，一人；

五官正，三人；

保章正，五人；

灵台郎，一人；

保章副，五人；

掌历郎，二人；

校书郎，二人；

监候，六人；

挈壶正，一人；

教授，一人；

学正，一人；

各省司历，十二人；

副监候，六人；

司辰郎，二人；

腹里印历管勾各省印历管勾，十二人；

星历生，四十四人；

灯漏直长，一人。

以上元代三机构共计 267 人。

明清两朝，可谓中国专制皇朝发展的极致。王权对于皇家天学机构的依赖已经大为下降，不过皇家天学机构的传统神圣地位仍然没有动摇。皇家天学机构定名为“钦天监”，这一名称使用了五百余年，成为在戏文小说里都能时常见到的流行词语。

据《明史·职官志》，明代钦天监机构较为精简，人员如下：

监正，一人；

监副，二人；

主簿厅主簿，一人；

春官正、夏官正、中官正、秋官正、冬官正，各一人；

五官灵台郎，八人；

五官保章正，二人；

五官挈壶正，二人；

五官监候，三人；

五官司历，二人；

五官司晨，八人；

漏刻博士，六人。

总计仅 40 人，后来还再进一步精简，仅为 22 人。地位最高者为监正，为正五品，地位最低的五官司晨和漏刻博士为从九品。钦天监的人员分为四科：

天文科，负责天象观测及记录；

漏刻科，负责授时；

历科，负责每年《大统历》的编算；

回回科，前身是元代和明初的回回司天监，从事伊斯兰天学，并以伊斯兰天学方法作为中国传统天学的补充和参考。

与前朝相比，明代钦天监的这个规模实在是非常小了。这一现象，与天学对于王权的重要性已经下降到仅作为象征和装饰之用，以及明代对于民间“私习天文”的厉禁逐渐开放，应该有着内在的联系。

不过到了明末，又曾在钦天监之外设立过两个天学机构。

由于《大统历》行用日久，误差日益显著；又适逢耶稣会传教士接踵来华，向中国知识界展示了比中国传统天学更为先进的西方天文学方法，结果朝廷内外要求改历的呼声甚高。但是钦天监方面却坚持守旧的立场，对于改历之议甚为厌恶。于是在崇祯二年（1629）设立由徐光启领导的历局，专门进行编撰《崇祯历书》的工作。因为这项工作主要是译介西方天文学，故徐光启领导的历局被称为“西局”。与此对应的，是以坚决反对西方天文学的布衣魏文魁——当然是在朝中某些高官的支持之下——为首的“东局”。《明史·历志》记当时情形云：“是时言历者四家——大统、回回外，别立西洋为西局，文魁为东局，言人人殊，纷若聚讼焉。”

这种几个官方天学机构相互辩论攻击的情形，可能是中国历史上空前绝后的。元代“回回司天台”与“汉儿司天台”并立，也只是互补和竞争的关系，并无对立情形。此东局、西局皆为临时设立的机构，随着明朝的灭亡，也就烟消云散了。

入清之后，钦天监与明代相比，有两个明显的不同之点。一是顺治任命来华耶稣会传教士汤若望为钦天监负责人，开了清代以来华耶稣会士领导钦天监的传统，而且这一传统持续了二百年之久。二是清朝以异族而入主中华，在民族问题上十分敏感，朝廷各部门的领导班子往往要搞满、汉两套。因而钦天监的规模又较明代有所扩大。

清代钦天监下设时宪科、天文科、漏刻科、主簿厅,《历代职官表》卷三十五载其制度云:

> 钦天监:
> 监正,满洲一人、西洋一人;
> 监副,满洲、汉人各一人;
> 左、右监副,各西洋一人;
> 总理监务王大臣,一人(乾隆十五年始置,特别任命,并无定员)。
> 时宪科:
> 五官正,满洲二人、蒙古二人;
> 春、夏、中、秋、冬五官正,汉人各一人;
> 秋官正,汉军一人;
> 五官司书,汉人一人;
> 博士,满洲一人、汉军二人、蒙古二人、汉人十六人。
> 天文科:
> 五官灵台郎,满洲二人、蒙古一人、汉军一人、汉人四人;
> 五官监候,汉人一人;
> 博士,满洲三人、汉人一人。
> 漏刻科:
> 博士,汉人六人。
> 主簿厅:
> 主簿,满洲、汉人各一人。
> 辅助人员:
> 食俸天文生,满洲、蒙古十六人,汉军八人,汉人二十四人;
> 食粮天文生,汉人五十六人;
> 食粮阴阳生,汉人十人;

笔帖式，满洲十一人、蒙古四人、汉军二人。

以上总计达191人。

三、阴阳学及预备人才选拔

皇家天学机构一直是中央政府的部门之一，通常在地方上没有常设的下属机构和人员。有时为了特殊的观测任务，则委派临时人员。不过元、明两代却曾在各地设立了某种属京师皇家天学机构领导的建制。

阴阳学制度创始于元世祖至元二十八年（1291），据《元史·选举志》载其事云：

> 世祖至元二十八年夏六月，始置诸路阴阳学。其在腹里、江南，若有通晓阴阳之人，各路司官详加取勘。依儒学、医学之例，每路设教授以训诲之。其有术数精通者，每岁录呈省府，赴都试验，果有异能，则于司天台内许令近侍。延祐初，令阴阳人依儒医例，于路府州设教授员，凡阴阳人皆管辖之，而上属于太史焉。

由上述记载可知，地方上的“阴阳人”，即民间的阴阳术士，被纳入官方的管辖之下，并且有可能被选拔为皇家天学机构的候补成员。至明代，阴阳学制度更为完备，各府设阴阳学正术，各州设典术，各县设训术。但品级甚低，地位最高的正术才是从九品——官阶中最低的一档，而且有职无俸，以下典术、训术则是“未入流”，不能列入正式官员的系列之中了。这些地方上的阴阳学官员，系从当地的“阴阳人”中选拔出来，选拔工作则由钦天监负责进行，《大明会典》卷二百二十三载其运作情形云：

> 凡天下府州县举到阴阳人堪任正术等官者，俱从吏部送本

监。考中，送回选用；不中者发回原籍为民，原保官吏治罪。

这些地方阴阳官员指导阴阳生的学习，并率领阴阳生管理谯楼（地方上的授时系统）、治理神坛、进行祈雨、“救护”（在日月交食发生时所进行的禳祈活动）之类的仪式。而由钦天监负责地方阴阳学官员的考试选拔，正体现了皇家天学机构对阴阳术数的控制。

一个王朝的首任皇家天学机构负责人，往往是在前朝干犯“私习天文”之禁的不法之徒——当然对于新朝而言他是开国功臣。当这位新朝的首席天学家为皇家建立天学机构之后，机构中后继人员的来源，主要是通过向社会招考初级人员，然后进行培训。钦天监中的这种初级人员称为天文生，主要是从地方上的“阴阳人”中考试选拔。

从地方术士中招考皇家天学机构初级人员，会遇到一个相当麻烦的问题（用如今官式套话来说是“政策性很强的问题”）：我们前面已经多次说过，天学是禁止民间私习的，因此从理论上说，在守法良民中应该不可能有人能通过这种考试。但是另一方面，天学又是阴阳术数的灵魂和主干，因此阴阳学官员和生员以及民间术士必然会接触到一部分天学知识，考试正是要考他们这方面的知识。如何处理这一问题，所幸元代《秘书监志》保存了有关的历史文件，其书卷七“司天监”下载有当时的考试办法，开首云：

> 旧例草泽人三年一次，差官考试，于所习经书内出题六道，试中者收作司天生，官给养直，入（司天）台习学五科经书。……若令草泽人许直试长行人员，缘五科文书已行拘禁了当，其草泽人不得习学。所据草泽许习经书，即非五科切用正书，难便许试长行。

这段话对现代读者来说可能有些费解。“草泽人”指民间术士，他们每三年有一次考试机会，通过这种初级考试者可被收为司天监中官费的“司天生”——这只是一种学员身份；他们在此期间可以学习禁止民间私习的“五科经书”，再通过进一步的考试，才能成为皇家天学机构中的正式成员，即所谓“长行人员”。

更妙的是，在上面所说三年一次的初级考试中，考什么教材，出什么考题，《秘书监志》卷七中都有详细记载。允许“草泽人”学习的是下列教材：

> 《宣明历》、《符天历》、王朴《地理新书》、吕才《婚书》、《周易筮法》、《五星》。

又记载考题四类共十题：

> 一、历法题
>
> 假令依《宣明历》推步某年月日恒气经朔。
>
> 假令依《符天历》推步某年月日太阳在何宿度。
>
> 二、《婚书》题
>
> 假令问正月内阴阳不将日有几日。
>
> 三、《地理新书》题
>
> 假令问安延翰以八卦之位通九星之气，可以知都邑之利害者，何如。
>
> 假令问五姓禽交名得是何穴位。
>
> 假令问商姓祭主丁卯九月生，宜用何年月日晨安葬。
>
> 四、占卜题
>
> 假令问丁丑人于五月丙辰日占求财，筮得姤卦第爻动，依易筮术推之。
>
> 假令问正月甲子日寅时，六壬术发，用三传当得何课。

假令问大定己丑人五月二十二日卯时生，禄命如何。依三命术推之。

假令问七强五弱何如之数。依五星术以对。

每次考试时，在上述题库中选六题。这些保存下来的试题，既能说明“私习天文”之禁与合法的阴阳术数之学之间的界限，又能说明民间阴阳术士“为民服务”的常见项目——主要是推排历日和算命择吉。顺便说一说，如果有人要研究古代“考试学史”，这些教材书目和考题也是极有趣味的史料，当然这是题外的话了。

第二节　天学家

一、历代天学家概况

司马迁在《史记·天官书》中将在他之前的天学家列了一份名单，称之为“昔之传天数者”。唐代天学家李淳风在《乙巳占》序言中对前代同行们的职业道德作了简洁而中肯的评述，同时将司马迁的天学家名单延继至隋代，引述如下：

至如开基阐业，以济民俗，因《河》《洛》而表法，择贤达以授官，则轩辕、唐、虞、重、黎、羲、和，其上也。畴人习业，世传常数，不失其所守，妙赜可称，巫咸、石氏、甘公、唐昧、梓慎、裨灶其隆也。博物达理，通于彝训，综核根源，明其大体，箕子、子产，其高也。抽秘思，述轨模，探幽冥，改弦调，张平子、王兴元，其枝也。沉思通幽，曲穷情状，缘枝反干，寻源达流，谯周、管辂、吴范、崔浩，其最也。托神设教，因变敦奖，亡身达节，尽理辅谏，谷永、刘向、京房、郎颉之，其盛也。短书小记，偏执一途，多说游言，获其半体，王朔、东方朔、焦贡、唐都、陈卓、刘表、郗萌，其次也。委巷常情，人间小惠，意唯财谷，志在米盐，韩杨、钱乐，其末也。参同异，会殊途，触类而长，拾遗补阙，蔡邕、祖暅、孙僧化、庾季才，其博也。窃人之才，掩蔽胜已，谄谀先意，谗害忠良，袁充，其酷也。妙赜幽微，反招嫌忌，忠告善道，致被伤残，郭璞，其命也。

当然，这份名单中的人物之所以被选入，李淳风有自己的标准。未被选入之天学家，并不说明他们的成就不值一提。相反李淳风没有提到的像西汉司马迁、刘歆，东汉刘洪，刘宋何承天、祖冲之，北齐张子信，隋代刘焯等数人在古代中国数理天文学史上皆有举足轻重的地位。清阮元撰《畴人传》，收录黄帝以来古代天学家243人，附西洋37人。后又续补清代天学家112人，附东西洋16人。《畴人传》正编、续编、三编共五十九卷，所收录之天学家人数比之司马迁、李淳风所列自然大大增加。《畴人传·凡例》称：

步算、占候，自古别为两家。《周礼》冯相、保章所司各异。《汉书·艺文志》天文二十一家，四百四十五卷；术谱十八家，六百六卷，亦判然为二。宋《大观算学》以商高、隶首与梓慎、裨灶同列五等，合而一之，非也。是编著录，专取步算一家，其以妖星、晕珥、云气、虹霓占验吉凶，及太一、壬遁、卦气、风角之流，涉于内学者，一概不收。

至此，我们明白李淳风《乙巳占》序言不提及刘洪、刘焯数人名字的缘由，因为此数人主要天学成就在于历算方面，而李淳风在《乙巳占》这样一本星占学著作中提到的都是天文占候方面的人物。阮元撰《畴人传》，也是据天文、历算二家分类，而只取后者。

然而古代天学家不乏身兼“步算”“占候”两家之长的，如唐之李淳风、一行之辈。唐以前天学家更是如此。到明清之际大都只重“步算”而轻“占候”,《畴人传》正是这种倾向的产物。

由于古代毕竟少有只明“占候”不明“历算”的天学家，故《畴人传》采录各史，搜罗也相当完备。今大致列表如下（取汉代以后，以补司马迁“昔之传天数者”；纯粹之算学家如宋之秦九韶、杨辉等不列入；清代只列重要者数人）:

表 3-2 《畴人传》所列历代天学家表

朝代	天学家
西汉	张苍　司马迁　邓平　落下闳　张寿王　鲜于妄人　耿寿昌　刘向　刘歆
东汉	杨岑　张盛　景防　鲍业编　李梵　贾逵　霍融　王充　张衡　虞恭　刘洪　蔡邕　何休　郑元　徐岳　郗萌　赵爽
曹魏	高堂隆　韩翊　杨伟　刘徽
孙吴	阚泽　陆绩　王蕃　姚信　陈卓　葛衡
晋	杜预　刘智　束皙　葛洪　虞喜　虞耸　王朔之　张邱建　夏侯阳
前赵	孔挺
后秦	姜岌
北凉	赵䵢
刘宋	钱乐之　何承天　吴癸　祖冲之
萧梁	祖暅　崔灵恩　虞邝　庾曼
陈	朱史
后魏	晁崇　殷绍　崔浩　高允　公孙崇　李业兴　张龙祥
北齐	信都芳　宋景业　张子信　董峻　郑元伟　张孟宾
北周	明克让　甄鸾　马显
隋	庾季才　耿询　刘祐　张宾　刘孝孙　张胄玄　袁充　刘焯　刘炫
唐	傅仁均　祖孝孙　王孝通　崔善为　李淳风　瞿昙罗　南宫说　瞿昙悉达　一行　梁令瓒　韩颖　郭献之　徐承嗣　徐昂　边冈　曹士蔿
后晋	马重绩
后周	王朴

续 表

朝代	天学家
宋	王处讷　王熙元　吴昭素　苗守信　韩显符　史序　张奎　楚衍 宋行古　周琮　沈括　卫朴　刘羲叟　孙思恭　黄居卿　苏颂 韩公廉　姚舜辅　陈得一　刘孝荣　荆大声　杨忠辅　鲍澣之 李德卿　谭玉　陈鼎　臧元震
辽	贾俊
金	杨级　赵知微　耶律履　张行简　刘道用　杨云翼
元	耶律楚材　扎玛鲁丁　刘秉忠　许衡　杨恭懿　王恂　郭守敬　李谦 齐履谦　赵友钦
明	刘基　吴伯宗　李翀　李德芳　彭德清　贝琳　童轩　俞正己　吴昊 周濂　朱裕　郑善夫　乐頀　华湘　周述学　周相　朱载堉　何瑭 邢云路　魏文魁　周子愚　李之藻　徐光启　李天经
清	王锡阐　薛凤祚　梅文鼎　江永　戴震　阮元　钱大昕　李锐 罗士琳　徐有壬　顾观光　汪曰桢　李善兰

二、天学官员之日常工作

天学官员的工作，首先在于观测天文。如《明实录》所载：

> （成化十三年六月甲辰）钦天监正张瑄等滥收习学天文生掌监事。太常寺少卿童轩奏发其事，瑄复与同官作伪帖规免罪，刑部鞫问具服命。姑宥之。（《明宪宗实录》卷一百六十七）

> （弘治十一年闰十一月十六）钦天监奏是夜月食，文武百官皆诣中军都督府救护。既而不食，随为阴云所掩。纠仪监察御史等官劾奏：掌钦天监事太常寺少卿吴昊等推算不明，宜置之法。命宥之。（《明孝宗实录》卷一百四十四）

可见钦天监官员无论是行政上还是专业上犯了错误，一般都能得到皇帝的原谅。在清朝甚至有明文规定，钦天监人员犯罪从轻处罚。又比如《旧唐书·天文志下》载：

天宝十三载三月十四日，敕太史监官除朔望朝外，非别有公事，一切不须入朝，及充保识，仍不在点检之限。

少朝或不朝是臣子的莫大荣耀。从此可见古代天学机构之专职人员地位具有相当的特殊性。然而尽管古代天学家受到某些方面的特殊优待，但在其他方面，如社会活动的自由性等受到很大限制。在《旧唐书·天文志下》紧接上一条记载后面就有开成五年（840）十二月的一则敕文：

司天台占候灾祥，理宜秘密。如闻近日监司官吏及所由等，多与朝官并杂色人交游，既乖慎守，须明制约。自今已后，监司官吏不得更与朝官及诸色人等交通往来，委御史台察访。

作为职业天学家，他们要从事的专业活动大致有以下几个方面。

（1）进行例行观测，记录发生的天象，并对星象进行占验，将占验结果呈报皇帝。对这方面的工作，《明实录》中的一则记载可以说明问题：

（成化十一年六月）己巳，晓刻，北斗西北三尺许，有星如鸡卵大，赤色，有光，行至斗杓开阳边，入于近浊。钦天监掌监事太常寺少卿童轩等入朝时见之。及灵台郎刘绅等报称："北方有星如鸡卵大，青白色，有光，起自北斗魁中，东北行至近浊，后有二小星随之。"已按占书具奏稿矣。轩因以所见诘之，监候苏智乃言天文生宋永目昏不能详视，遂与绅等于奏稿中涂去魁中二字，以"二小星随之"改作"尾迹炸散"，别按占书具奏对。于是轩等劾奏绅等职专观候，不自详察，诿诸老生朦胧妄报。于星象起止形色既已不同，其占法休咎何从而验？任情欺诳，孰甚于斯！宜治其罪。得旨：皆宥之。（《明宪宗实录》卷一百四十三）

这是一起钦天监工作人员在观测天象和进行占验时玩忽职守、弄虚作假的事件，正好被监正撞破，并要求将主要人员治罪。结果皇帝照例原谅了肇事者。从这一事例中我们得知古代天学机构观天、占验和呈报这一系列工作的大致情况。虽然其中有弄虚作假，但整个操作过程还是实实在在地在进行。

（2）制定新的历法或对旧历中的错误部分进行修正；根据历法排定历书；印制历书。

（3）对皇家天学机构的仪器、图书进行保管和维修。

（4）主持日食救护仪式。

（5）主持一年一度的颁历仪式。自明朝洪武时代确定“颁历仪”，对此有详细规定。

（6）报时。利用天文和漏刻两种方法报告准确的时间。大致有两方面：一是朝廷进行日常仪式、朝会时报告准确的时辰；二是对民用时间准确播报。

鉴于以上所述的皇家天学机构地位的特殊性和工作的重要，古代天学机构及天学家们的作用也是相当重大的。在关键时刻、关键问题上的发言权（见前文）方面，天学家的作用是决定性的。就其日常工作内容而言，编排历书和报告时间两项工作就已经非常重要了。

三、重要天学家生平事迹

（一）刘歆

刘歆，字子骏，西汉宗室，生年不可考，新莽地皇四年（23）卒。

汉成帝河平（前28—前25）中受诏与父刘向一起领校秘书，数术、方技无所不究。汉哀帝即位（前7），大司马王莽举为侍中太中大夫；历任骑都尉奉车光禄大夫，河内、五原、涿郡太守，安定属国都尉等；王莽执政，刘歆为右曹太中大夫、京兆尹，封红休侯，典儒林史卜之官，作《三统历》及谱，撰《世经》以说春秋。

刘歆所造《三统历》是中国古代首部留存有原理、数据的完整历法。阮元称"《三统》以统术推气朔，纪术步五星，岁术求太岁所在，洵纲举目张，有条不紊"（《畴人传》卷二）。《三统历》的成就在今天看来主要有两点：一是首创太岁超辰之法，以岁星一百四十四年行一百四十五次；二是将连续纪年提前到文王四十二年以后，比司马迁《史记》纪年起于共和元年（前 841 年）提前很多，考古者因此而得有所依据。

刘歆少时与王莽同为黄门郎，二人交善。故王莽对刘歆一直颇为引重，及王莽篡汉，以刘歆为国师，封嘉新公。王莽称帝后，肆无忌惮，倒行逆施，很快就众叛亲离，叛乱蜂起。卫将军王涉、大司马董忠与国师刘歆合谋劫莽，向南阳军事集团投降，以便保全宗族。未几谋泄，刘歆、王涉自杀，董忠被斩首。

（二）张衡

张衡，字平子，南阳西鄂（今河南南阳）人。东汉建初三年（78）生，永和四年（139）卒。

张衡出身名门，少年游学长安、洛阳，尤致思于天文、阴阳、历算。东汉章帝颇闻其名，汉安帝永初五年（111）征拜为郎中，元初元年（114）迁尚书郎。

东汉改行《四分历》后，争论不止。汉安帝延光二年（123）谒者亶诵上言当用甲寅元历，河南梁丰言当复用《太初历》，历争又起。张衡与周兴二人驳难亶、梁二人，使其无言以对或所答失误。张衡等并提出"九道法"最密。诏书下公卿详议，意见不一，最后以当时尚书令所奏"《四分》有谬，不可施行，元和凤鸟不当应律而翔集"为理由，仍施行四分法。

张衡曾两度出任太史令，乃制作浑天仪，著《灵宪》《浑天仪注》。

《灵宪》是反映张衡天学思想的一篇代表作，原文为刘昭注《续汉书·天文志上》征引而传世，通篇 1 352 字，论述内容包括宇宙之起源，宇宙无限性，天地结构，日月大小，月食成因，五星运行，恒星与星官，幻流星、陨星之形成等等方面。《灵宪》的论述几乎遍及古代天学所能关心的问题，在中国古代以后 1 500 年间，人们在对这些问题的认识上并没有质的飞跃。

张衡的才能还表现在其他方面。他制造的候风地动仪堪称地震学和机械技术史的杰作；其《二京赋》《思玄赋》《归田赋》《四愁诗》等篇皆是辞义俱佳之作。

（三）刘洪

刘洪，字元卓，泰山蒙阴（今山东蒙阴）人。其生卒年及流年行事史载不详，据《续汉书·律历志中》注引《袁山松书》称：

> 延熹中，以校尉应太史征，拜郎中，迁常山长史，以父忧去官。后为上计掾，拜郎中，检东观著作《律历记》，迁谒者，谷城门候，会稽东部都尉。征还，未至，领山阳太守，卒官。

如此简洁的记载，甚至看不出刘洪主要的天文学成就。参以其他史书中对刘洪事迹的零星记载，已有学者加以汇总并详细考证，得出刘洪学术生平如下：

> 129 年(?)，出生。
>
> 160 年(?)，以校尉应太史征，拜郎中。此后十余年，刘洪积极参与天文测量和研究工作，测定二十四气晷影长、太阳去极度等天文数据。
>
> 174 年，迁常山(今河北元氏)长史，上《七曜术》，续作《八元术》。
>
> 175 年至 177 年，因父忧去官。
>
> 178 年，为上计掾，拜郎中。与蔡邕共撰《续汉书·律历志》。
>
> 179 年，迁谒者，为谷城门候。议王汉所上交食周期。
>
> 180 年，参与评议冯恂、宗诚两派关于月食预报的争论。

184 年(?),迁会稽(今浙江绍兴)东部都尉。在此任内初步完成《乾象历》,于 187 年、188 年间献于朝廷。

190 年(?),领山阳(今山东金乡)太守。196 年,授《乾象历》于郑玄。徐岳、杨伟和韩翊等先后受其法。

(?)年,迁曲城侯相。

206 年,《乾象历》最后定稿。

210 年(?),卒年。

刘洪一生主要的天文成就都写进了他的《乾象历》,主要包括:

(1)改正《四分历》中误差较大的回归年和朔望月数值。

(2)指出月行有迟疾,并给出定量描述和改正的方法。

(3)确立了日行黄道、月行白道和黄白交点退行的概念。

(4)在上述三项的基础上,明显地提高了交食预报的精度,对与交食有关的各种量,如食限、食分、亏起方位等给出了定量计算的方法。

刘洪的《乾象历》虽然未能在东汉施行,但某些方法已用于对《四分历》作改正,并经其弟子们如徐岳和再传弟子阚泽等人发扬光大,《乾象历》为后世历法的进步起到了巨大的推动作用,并在三国时的吴国地区得到正式行用。

(四)刘焯

刘焯,字士元,信都昌亭(今河北衡水冀州区)人。东魏武定二年(544)生,隋大业六年(610)卒。

《北史·儒林传》称刘焯"望高视远""聪明沉深",自小发奋读书,以儒学知名,为州博士。

约隋文帝开皇三年(583)初聘为州从事。后举秀才,得甲科。与著作郎王邵同修国史,兼参律历。开皇四年(584)与刘孝孙共非张宾《开皇历》,指出该历不用岁差、定朔等六条错误,结果以"妄相扶证,惑乱时人"之罪被罢退。仍值门下省,以待顾问。不久被授予员外将军之职，与诸儒于秘书省考定群言。与国子祭酒共论古今滞义，莫不服其精博。开皇六年（586）洛阳石经至京师，文字磨灭，莫能知者。刘焯奉敕与同窗好友刘炫共同考定。开皇十年（590）又与刘炫一同与群儒论难，深挫诸儒，为飞章所谤，被遣回乡里，遂专以教授著述为务。开皇十四年（594）官历推日食多疏远，张胄玄进用。刘焯作《七曜术》以进。该术与张胄玄法颇相乖爽，张胄玄与袁充相表里，共排刘焯。开皇二十年（600），皇太子杨广征召天下历算之士集于东宫，刘焯应召，并作《皇极历》改正张胄玄之误。然刘焯志解张胄玄之印（太史令之职），为太学博士则不满意，称病罢归。大业元年（605）隋炀帝同意刘焯与张胄玄当廷辩论。刘焯《皇极历》用定朔，月有三大三小，张胄玄以此为辞，互相驳难，是非不决而罢。大业四年（608）张胄玄历推日食失验，炀帝召刘焯，欲行其历。时袁充方幸于帝，与张胄玄共排《皇极历》，又不行。《大业历》之疏远有目共睹，然直到刘焯死后，才稍作改正。

刘焯在历法方面的成就包括：

（1）计算出了一批精确的天文数据，有近点月长度、月每日平行度、黄道岁差值、食年长度等，精确度比前代大大提高。

（2）编制了高精度的月离表（月亮运动不均匀性数值改正表）。

（3）首创了日躔表（太阳周年视运动不均匀性数值改正表）的编制。

（4）崭新的数学方法的使用，有等间距二次差内插法和等差级数法等。

（5）给出了一整套精密的交食推算法：改进了交食食限、食分的计算方法；首创了月入交定日、日入会定日和从定朔时刻求食甚时刻的方法等。

（6）提出计算五星位置的新方法，其中考虑五星运动不均匀和太阳运动不均匀的改正。

另外，刘焯曾提出一项大规模的测量方案，以校正“日影千里差一寸”的传统说法。可惜此方案未被采纳。

总之，刘焯的天文成就是杰出的，他的《皇极历》虽然未被颁行，但是其中的多项改革和创新对后世历法产生了重大影响。唐李淳风就是以《皇极历》为基础造《麟德历》的。

（五）李淳风

李淳风，岐州雍县（今陕西凤翔）人，隋仁寿二年（602）生，唐咸亨元年（670）卒。

李淳风自幼俊逸豪爽，博览群书。尤擅长天文历算和阴阳之学。贞观初（628）与傅仁均争历法，众人多附之，因授将仕郎，值太史局。上书唐太宗，评论前代浑仪得失，奉敕造浑天黄道铜仪。贞观十五年（641）为太常博士，寻转太史丞，参与编写前代史志。晋、隋两史之天文、律历志皆出自李淳风手笔。贞观二十二年（648）迁为太史令。显庆元年（656）因修国史有功，封昌乐县男。龙朔年间（661—663）撰《麟德历》，于麟德二年（665）取代《戊寅历》行用。仪器、历法之外，李淳风又集前代各家星占之学，著成《乙巳占》等星占学著作。

李淳风还制造过著名的天文仪器——浑天黄道铜仪。

李淳风《麟德历》被列为唐代三大优秀历法之一，其法本于刘焯《皇极历》，革新之处有二：

（1）设1340为总法，为岁实、朔实、交周、五星周期的共同分母。立法巧捷，胜于前人，后世历家莫不从之。

（2）尽废古人章、蔀、纪、元之法，废闰周而直接以无中气之月置闰。

另外，《麟德历》确定了以定朔推历的方法，此后定朔法才成为普遍使用的方法。至于《麟德历》固定以斗十二度为冬至，否定岁差的存在，确实为智者千虑之失。

李淳风所撰《晋书·天文志》《隋书·天文志》是两部系统地整理和

研究古代天学的综合性著作，是现代研究唐代以前天文学史所不可缺少的参考资料。

（六）瞿昙家族

印度天学随佛教来华，到盛唐时期有著名的“天竺三家”，瞿昙家族是其中尤为显赫的一家。史籍中关于瞿昙家族成员的记载很多，但这些成员之间的行辈关系，到1977年于陕西民安县北田村发现瞿昙譔墓志，始得完全理清。兹列其五世十一人行辈及所任天学官职如下图：

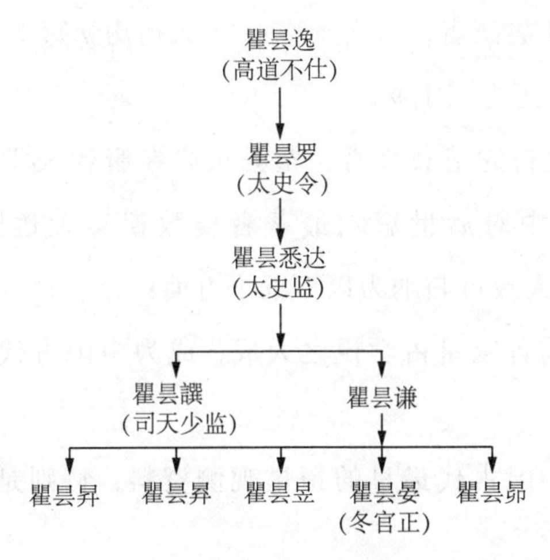

瞿昙氏至瞿昙晏为止，四世皆有人仕唐为天学官（所标明皆为最高职位），且都为皇家天学机构的负责人，太史令、太史监为最高长官，司天少监为副长官，冬官正地位也不低。瞿昙譔墓志称瞿昙氏“世为京兆人”，可知其家定居已久。而且瞿昙譔娶琅玡王氏（世家大族）朝散大夫晋州别驾王嗣之长女为妻，说明其家族华化已深，殊无夷夏之别了。关于瞿昙氏在唐朝参与的天学活动，据史书记载，主要有以下几方面：

（1）麟德二年（665）起颁用《麟德历》，与太史令瞿昙罗所上《经纬历》参行。

（2）神功二年（698）改元圣历。命瞿昙罗作《光宅历》，将用之。圣历二年（699）罢作《光宅历》。

（3）天后时瞿昙罗造《光宅历》，寻亦不行。

(4)《九执历》者，出于西域，开元六年（718）诏太史监瞿昙悉达译之。

(5)《大唐开元占经》一百一十卷，瞿昙悉达集。

(6) 上元二年（761）七月癸未朔，日有食之，大星皆见，司天秋官正瞿昙譔奏。

(7) 宝应元年（762），司天少监瞿昙譔奏曰："司天丞请减两员……"从之（《旧唐书·天文志下》）。

(8) 时善算瞿昙譔者，与玄景奏："《大衍历》写《九执历》，其术未尽。"（《新唐书·历志三上》）

从以上八条史料的记载来看，瞿昙家族在唐代天学机构中的活动是相当活跃的。其中对后世影响最著者要数瞿昙悉达所撰之《开元占经》，其重大影响大致可归纳为以下五个方面：

(1) 集唐以前各家星占学说之大成，成为中国古代星占学最重要、最完备的资料库。

(2) 保存了中国古代最早的恒星观测资料，特别是甘、石、巫咸三家星表。

(3) 记载了中国有史以来至八世纪所有历法的若干数据。

(4) 引用已佚古纬书多达八十二种左右，成为古代纬书的重要来源。

(5) 载入《九执历》译文，成为研究中印古代天学交流及印度古代天学的极珍贵的史料。

（七）一行

一行，俗姓张，名遂。魏州昌乐（今河南南乐）人。唐弘道元年（683）生；开元十五年十月八日（727年11月25日）卒。

一行从小聪明颖悟，博闻强识，精于历象阴阳五行之学。约705年，武三思慕名来请一行出山，一行不屑与之交游，弃家而走，至嵩山削发为僧，师事普寂禅师，研习禅理，一住十一年。其间唐睿宗复位

(710)，征召一行出山，一行称病不出。约716年，一行步行至荆州当阳山，从悟真禅师学律藏。开元五年（717），唐玄宗命一行叔父张洽强征一行出山，至长安，安置禁内光太殿，随时接受皇帝垂询。开元八年（720）金刚智到长安，一行从其学密藏。开元九年（721）《麟德历》署日食不验，唐玄宗诏一行造新历。一行建议采用梁令瓒的设计，制造黄道游仪，以重测制历所需的数据。开元十一年（723）仪成，即用于新数据的测量，同时一行还组织了全国范围内的测量工作。开元十五年（727）一行草成新历而卒。玄宗命张说等稍作润色，编次成书。于开元十七年（729）颁行天下。

一行的成就主要是《大衍历》和为制历而造的重要天文仪器——黄道游仪。

另外，一行在佛学方面也有大量著述，翻译了大量印度佛学典籍，有不少是印度古代天文、星占学经典。

一行以历算、天文观测和仪器制造等多方面的成就，在中国天文学史上占有重要的地位。

（八）郭守敬

郭守敬，字若思，顺德邢台（今河北邢台）人，元太宗三年（1231）生，延祐三年（1316）卒。

郭守敬幼随祖父郭荣长大。郭荣精通五经、数学、水利诸学，使郭守敬自小就得到良好教育。少年时，郭守敬便能根据北宋燕肃的莲花漏图，将这一计时仪器的原理讲得十分清楚；还曾用竹篾扎浑仪，积土为台，用来观测恒星。这些都显露出郭守敬在仪器制造和天文观测方面的兴趣和才华。

约1247年，郭守敬被送到刘秉忠处学习。刘秉忠是当时著名学者，精通天文、数学、地理等学问，当时正与张文谦、张易研讨学术。与郭守敬同学的还有王恂。

约1250年郭守敬返回家乡。1251年受张文谦之邀参与了邢台一项水利工程关键项目的设计。1260 年又应张文谦之邀到大名（今河北大名）协助处理政务。1262 年，张文谦将郭守敬推荐给元世祖忽必烈。郭守敬向忽必烈提出兴修六项水利工程的建议，受到忽必烈的重视和赞赏，被授予提举诸路河渠的职务，以后历任副河渠使（1263）、都水少监（1265）、都水监（1271）、工部郎中（1276）。

1276 年，忽必烈诏令编制新历法，设立太史局，任命王恂和郭守敬负责，先后参与者有张文谦、张易、许衡、杨公懿等。1279 年任王恂为太史令，郭守敬为同知太史院事。1280 年历成，名《授时历》。其间郭守敬设计制造了简仪、高表等十多种天文仪器。

1281 年《授时历》颁行天下。由于时间仓促，编制历法所依据的数据、表格及推算方法均未经缜密考订。其时王恂、许衡、张易等先后去世；张文谦、杨公懿退隐还乡，郭守敬独立承担起历法定稿的完成。历时四年，撰成《推步》七卷、《立成》二卷、《历议拟稿》三卷、《转神选择》二卷和《上中下三历注式》十二卷，共五种二十六卷。1286 年郭守敬升任太史令，又先后撰成《时候笺注》二卷、《修改源流》一卷、《仪象法式》二卷、《二至晷景考》二十卷、《五星细行考》五十卷、《古今交食考》一卷、《新测二十八舍杂座诸星入宿去极》一卷、《新测无名诸星》一卷、《月离考》一卷，共九种七十九卷。与前述五种二十六卷合计十四种一百零五卷，构成郭守敬天文历法的完整体系。

1291 年郭守敬兼职都水监，1293 年又兼提调通惠河漕运事。1294 年被任命为昭文馆大学士，兼太史令。1298 年制成灵台水运浑天漏。1316 年卒于任。

综观郭守敬一生，在编制历法、天学著述、仪器研制、天文观测和兴修水利等几个方面都有突出的成就。

郭守敬最重要的工作是《授时历》，行用长达三百年，明《大统历》只是《授时历》的改头换面而已。清阮元论曰：

推步之要，测与算二者而已。简仪、仰仪、景符、窥几之制，前此言测候者未之及也；垛叠、招差、勾股、弧矢之法，前此言算造者弗能用也。先之以精测；继之以密算，上考下求，若应准绳。施行于世，垂四百年。可谓集古法之大成，为将来之典要者矣。自三统以来，为术者七十余家，莫之伦比也。（《畴人传》卷二十五）

阮元“测”“算”之议，确为的评。《授时历》所用全为实测数据，有先进的仪器，故有高精度的测量；《授时历》所用之计算方法也为当时算术之最高成就。

（九）王锡阐

王锡阐，字寅旭，号晓庵（又作晓菴），又字昭冥（肇敏），号余不，别号天同一生。江苏吴江人。明崇祯元年六月二十三日（1628 年 7 月 23 日）生；清康熙二十一年九月十八日（1682 年 10 月 18 日）卒。

关于王锡阐早年的生活情况，现在所知不多。他出身贫寒，父王培真，母庄氏，幼年过继给一位没有子嗣的叔父。崇祯十七年（1644），王锡阐 17 岁，五月清兵入京，改元顺治。这一巨变对受传统教育的王锡阐来说，心理上缺乏足够的准备。他先投河，遇救未死；继而绝食，七天之后被强迫进食。自杀虽然未成，但他从此以明朝遗民自居，亡国之痛伴随终生。

入清后，王锡阐成为东南遗民圈子中的重要人物，他交游的人物之中有顾炎武，吕留良，潘柽章、潘耒兄弟等。顾、吕两人是清初明朝遗民中鼎鼎大名的人物。潘柽章著有《辛丑历辨》一卷，王锡阐曾客居潘家多年，与之讲论算法，常穷日夜。潘柽章后死于南浔庄氏《明史》一狱。

王锡阐的天文和数学知识全出自学，他给顾炎武的信中自称“锡阐少乏师傅，长无见闻”（《松陵文录》卷十），可以证明这一点。但王锡阐在以遗民自居以后，选择天文历法之学发愤研究，数十年勤奋不辍，以至成为明末清初天文学家中成就卓著的人物。天文历法在中国古代有为政治服务的一贯传统。而且有足够的史料表明，王锡阐在天文历法方面的毕生努力就是要造一部“归大统之型范”的历法。

明末徐光启主持修历，招集来华耶稣会士编译成《崇祯历书》，“译书之初本言取西历之材质，归大统之型范，不谓尽堕成宪而专用西法如今日者也”。对徐光启等人的这种做法，王锡阐表示不满。或许正是在这样一种心理作用下，王锡阐借钻研天文历法、反驳西洋历法之误的机会，表达对清政府的不满。

由于王锡阐对中国传统历法和西洋新法都作过深入的研究，所以他对西洋历法的批判比较言之有据，不像当时一些人那样作泛泛之谈或盲目排外。他有两个重要的观点：

（1）西法未必善，中法未必不善。他指出西洋人“不知法意”者五事，依次为平气注历、时制、周天度分划法、无中气之月置闰、岁初太阳位置等五个问题，为中法辩护。又指出西法“当辨者”十端，依次为回归年长度变化、岁差、月亮及行星拱线运动、日月视直径、白道、日月视差、交食半影计算、交食时刻、五星小轮模型、水星金星公转周期等十个问题，对西法本身提出批评。总而言之，王锡阐的这些批评意见大致是正确的，《西洋新法历书》中所介绍的只是开普勒、牛顿以前的欧洲古典天文学，不善之处本来就很多。

（2）西法源于中法。王锡阐对这点提出五条论据，但这些论据是站不住脚的，这一观点也是错误的。

王锡阐在天文历法方面的主要成果就是《晓庵新法》六卷。第一卷讲述天文计算中的三角知识，用纯文字表述的方法定义了正弦、余弦和正切等三角函数。第二卷列出数据，包括一部分实测数据和大部分导出数据。第三卷兼用中西之法推求朔望时刻及日月五星位置。第四卷研究昼夜长短、晨昏朦影、月及内行星的相变，以及日月五星的视直径。第五卷先讨论时差和视差，再给出确定日心、月心连线的方法，称为“月体光魄定向”，这是王锡阐首创的方法。第六卷讨论了交食、金星凌日和月、行星、恒星互掩的计算方法。金星凌日和天体互掩的计算在中国古代传统历法中未曾有过。

《晓庵新法》是中国古典历法史上最后一部历法著作，虽然不可能获得颁行，但后来清朝编《御制历象考成》时，采用了王锡阐的“月体光魄定向”方法，《晓庵新法》也被收入《四库全书·子部·天文算法类》。王锡阐另有《五星行度解》等天学著述。

对于王锡阐在天学界的地位，清朝著名天文学家梅文鼎有如下评价：

> 近世历学以吴江（王锡阐）为最，识解在青州（薛凤祚）之上，惜乎不能早知其人，与之极论此事。（《王寅旭书补注》《勿庵历算书目》）

阮元也有“王氏精而核，梅氏博而大”（《畴人传》卷三十五）的评价，可见王锡阐的天文历法成就在当时及后世深受同行推崇。

第四章

天象观测

第一节　天象之观测与记录

上天的意志如此重要，为了解天意，就需要观测天象。

古代中国的诸多王朝都设有专职的天学机构与职官，天学之运作很大程度上便成了政府职能部门的一种日常工作，但它不同于现代意义上的科学研究活动。然而不管这两种情形在本质上有多大的差别，观测天象都成为他们的第一步工作。

一、天象之观测

据甲骨文卜辞中的材料，殷商时期就有过天象观测。

传世文献记载的早期观测天象最著名的事例，可见于《尚书·尧典》对于上古天学情况的介绍：

> 乃命羲和，钦若昊天。历象日月星辰，敬授人时。
>
> 分命羲仲，宅嵎夷，曰旸谷，寅宾出日，平秩东作。日中，星鸟，以殷仲春。厥民析，鸟兽孳尾。
>
> 申命羲叔，宅南交，平秩南讹。敬致。日永，星火，以正仲夏。厥民因，鸟兽希革。
>
> 分命和仲，宅西，曰昧谷，寅饯纳日，平秩西成。宵中，星虚，

以殷仲秋。厥民夷，鸟兽毛毨。

申命和叔，宅朔方，曰幽都，平在朔易。日短，星昴，以正仲冬。厥民隩，鸟兽氄毛。

帝曰："咨！汝羲暨和，期三百有六旬有六日，以闰月定四时成岁。允厘百工，庶绩咸熙。"

上文可以认为是帝尧任命四位天学官员羲仲、羲叔、和仲、和叔，分赴东、南、西、北四个方向去进行天象观测，以便制定历法，从而指导和安排人间的重要事务。帝尧是传说中的上古帝王，疑古派学者曾怀疑这一人物的真实存在，但近年有不少学者相信确有其人。帝尧的统治年代虽难考，但根据《尚书·尧典》所载黄昏时观测鸟、火、虚、昴四星出现在南中天来决定季节的做法，可知当时已经了解到当上述四星在黄昏时候上中天时，太阳依次运动到了黄道上的春分、夏至、秋分、冬至点附近，而这样的天象出现在公元前2000年左右，即距今约4 000年。考证这"四仲中星"的确切年代，一直是现代中外天文学史研究者感兴趣的课题。

中国古代的天象观测主要有以下几类：恒星、日月食、行星，以及异常天象如彗星、新星、流星、太阳黑子等。

恒星的位置在天空中相对固定不变，为了观测和描述时指称方便，人们把天空中的恒星分成许多星群，星数多寡不等，多到几十颗，少的只有一颗。把一群之内的星用假想的线联系起来，组成各种不同的图形，并冠以不同的名称，形成所谓的星官体系。记录和介绍星官体系的书籍，在中国古代被尊为星经。从它们被称为"经"这一点可知，星经在古代是不同寻常之物。古人相信，天人之际的奥秘正在其中。

中国古人将对恒星的观测结果，以星官为单位，把它们在天空中的相对位置和星数描绘出来，编成星表或绘制成星图。从殷墟甲骨片上出现的星名开始，以后《尚书》《诗经》《左传》《国语》等中国早期经典中屡有星名出现，一直到隋唐之际的《步天歌》，确立了三垣二十八宿星象体制，星官的命名工作才算趋于大成。关于星表、星图，历史上有著名的《石氏星表》和《敦煌星图》等。

被编进星表或绘制成星图的恒星，它们的名称和位置已经确定，所以常被当作描述其他天象发生、变化的参考标准。因此，星表或星图实际上起到了一种天球坐标系的作用。二十八宿体系实际上就是中国古代的天球坐标系。

二十八宿体系描述天体位置的坐标量有两个：入宿度和去极度。所谓入宿度就是以二十八宿中某宿的距星为标准，测量这个天体和这颗距星之间的赤经差；所谓去极度就是所测天体距北天极的度数。

《开元占经》载有二十八宿和石氏星官距星共一百二十颗的恒星坐标，对于这些坐标数值的观测年代，学者们已多有讨论，但未得出一致结论。但这些数据为实测结果、年代不晚于汉代，这两点是无疑的。

《石氏星表》中的二十八宿距度一直为历代沿用。直到唐代开元年间（713—741），一行和梁令瓒为配合改历的需要，制造新仪，重测了二十八宿和中外星官的位置。这是一次重要的恒星观测工作，因为它为编制大衍历提供了基本数据。一行还发现他们的观测结果与古测不一样，恒星的相对位置有整体移动。但他没有解释这些变化。后来有人指出这些变化可用岁差现象来解释。

北宋时期是中国天学发展的一个高峰。这一时期曾先后进行过七次恒星实测，其中有五次规模较大，分别是：

大中祥符三年（1010）冬官正韩显符测得外官恒星去斗、极度数。去斗度数是指恒星与冬至点之间的经度差，即韩显符以冬至点为起点计量恒星的黄道度数。

景祐元年（1034）编《景祐乾象新书》，测得周天星官入宿度和去极度。

皇祐年间（1049 — 1054）周琮造新仪，测定二十八宿距度和周天恒星。

元丰年间（1078 — 1085）进行了一次对二十八宿距星位置的测定。其观测结果被绘成星图，并刻石而保存至今，这就是著名的苏州石刻天文图。

崇宁年间（1102 — 1106）姚舜辅为修《纪元历》而进行了一次实测，测量所得的二十八宿距度精度是五次测量中最好的。

北宋年间另一项在现代大受重视的天学工作是对公元 1054 年超新星爆发的记录，所记录的位置正是如今蟹状星云之所在，这为现代恒星演化研究提供了极其珍贵的历史资料。

日食分“日全食”“日环食”和“日偏食”三种，除了食分很小的日偏食不易引起人们注意外，日食总起来说是一种非常显著的天象变化。中国有古代世界上最完整的日食记录。

《尚书 · 胤征》篇“乃季秋月朔，辰弗集于房，瞽奏鼓，啬夫驰，庶人走”的记录被认为是中国历史上最早的日食记录，并习称为“《书经》日食”。但“《书经》日食”的具体年代尚有待进一步考证。

自鲁隐公元年（前 722）至鲁哀公十四年（前 481）的 242 年间，《春秋》共记录日食 37 次，其中至少 31 次已被证明是确切的。《春秋》以后的日食都有史可查。总计中国古代史籍关于日食的记录共有 1 600 余次之多，是中国古代天文学遗产的重要组成部分。

历代史志对月食的记载是系统而完整的。《中国古代天象记录总集》载有古代月食记录 1 100 多项。

五大行星在恒星背景下的视运动轨迹复杂多变，这是由地球、太阳和行星三者的位置关系决定的。古人虽不明其理，但他们对行星天象的注意和重视程度远远超出了他们对行星运动规律的掌握程度。无论是在中国古代历法中，还是在一些重要的星占著作中，关于行星的内容总是占了很大篇幅。综合古代关于行星的星占理论和历法知识，古人对行星的认识大致可分为以下几个方面：

一是通过长期观测掌握行星运行规律。行星视运动呈现在天空中的曲线虽然复杂多变，但只要通过长期坚持不懈的观测，它的运动规律不难被掌握。人们首先认识到行星运动时呈现的各种天象，为描述其运动，使用了“人”“出”“顺”“逆”“留”“合”“伏”“守”“犯”等等术语。通过长期的观测，古人发现其中某些天象会周期性地重复出现，行星在恒星背景下运行一周，形成一条大致封闭的曲线。这条曲线由“顺行”（行星黄经随时间增加）、“逆行”（行星黄经随时间减少）、“留”（行星黄经在一段时间内几乎不变）三种特征天象组成。并且行星在运行一周的过程中，总有一次（木、土、火三星）或二次（金、水二星）进入太阳的光芒中，这就是“伏”。“伏”阶段中有一个时刻行星与太阳二者处于黄经相同的位置上，这就是“合”。中国古代历法将“合”作为一个行星运动周期的起点（早期的历法以“晨见”为起点），两次“合”之间的时间间隔称为一个会合周期。古人使用通过长期观测求平均值的方法，求得了比较精确的行星会合周期。

二是根据掌握的行星运动规律编制行星运动历表。在比较精确地掌握了行星会合周期和一个会合周期内行星的运动状态（包括顺行、逆行、留各阶段行星行度和经历时间）后，就可以着手编制比较精确的行星运动历表了（据此可求出任意时刻的行星位置）。中国古代历法给出了编制行星运动历表的详细方法。

三是中国古代形成了一套详细的行星星占理论。行星星占是中国古代星占学中的重要组成部分。在中国古代几种最著名的星占著作中，有关行星的星占理论占有很大篇幅，如《乙巳占》占40%，《开元占经》占35%。

最后，综合上述三个方面的知识来指导日常行事——在古代中国主要是指军国大事。可以说，在古代人眼里，以上三步工作都是为这一步做准备，这最后一步才是真正直接关系到帝王安危、国家命运的重要工作。在中国古代史籍中有大量这方面的记述。

星占理论中，彗星常被当作是上天的示警。与对其他天象的观测一样，中国古代对彗星也有系统的观测记录。鲁文公十四年（前 613）“秋七月有星孛入于北斗”正是世界上对哈雷彗星最早的可靠记录。马王堆汉墓出土的帛书《彗星图》，其中绘有 29 幅不同的彗星图。据《中国古代天象记录总集》，中国古代有彗星记录 1 000 余次。

在古籍中，新星一般称为“客星”。如《汉书 · 天文志》有“元光元年六月客星见于房”的记载。汉代以后，对天空中出现的客星进行观测和记录成了一项固定内容。据《中国古代天象记录总集》，中国古代有关新星的记录有 100 余次。

《春秋》和《左传》鲁庄公七年（前 687）关于流星雨的记载被证明是对天琴座流星雨的最早记录，《中国古代天象记录总集》统计的中国古代关于流星的记载有 4 900 多次；关于流星雨的记载有 400 多次，陨石的记载有 300 余次。所有这些记录都是珍贵的历史资料，对许多现代天文学课题的研究有直接帮助。

在中国古代星占学理论中，太阳象征君主，对于太阳的一切变化，古人都是十分警惕地注视着。因此，古代中国对太阳黑子的记录也相当完备。据《中国古代天象记录总集》，中国古代太阳黑子的记录有 270 多次。

举世公认的最早太阳黑子记录是汉成帝河平元年（前 28）的记载：“三月乙未，日出黄，有黑气大如钱，居日中央。”（《汉书 · 五行志》）这则记载记录了黑子的出现时间、形状、大小、位置等。中国古人对太阳黑子的描述，还使用一些非常形象化的语言：像“如环”“如桃”“如李”

“如栗”“如钱”，这类基本上为圆形黑子；又像“如鸡卵”“如鸭卵”“如鹅卵”“如枣”“如瓜”，这一类基本上为椭圆形黑子；又像“如飞鹊”“如飞燕”“如人”“如鸟”，这一类基本上为不规则形黑子。据现代太阳物理学可知，上述三类黑子形状正是代表了黑子从产生到消亡的三种不同形态。

二、记录之保存

中国古代史籍保存了大量天象记录，但是这些内容大多位于官修史书《天文志》《律历志》中，属第二甚至第三手资料，即皆是对原始观测记录的改编和转述。当然，还有散见于各种地方志、笔记小说中的天象记录。

所谓原始观测记录就是司天台或观象台上的工作人员对观测结果作的直接记录。可以肯定这种记录历朝历代的皇家天文机构都要做的，只是由于中国古代天学长期由官方垄断，这种原始观测记录会被视为绝密材料，一般不会公之于世，因此很难留存到后世。

教会学者方豪曾在一个偶然的机会，发现了四份清代嘉庆年间钦天监观象台的原始观测记录。据方豪介绍，他于1945年夏天在北平北堂图书馆读书时，曾在书库中捡得一纸包，内中尽为断简残编和零碎纸屑，里面竟然包括四份观象台记录表格。

表格用红色木刻字印成。印成的刻字有“嘉庆”“年”“月”“日”“观象台风呈”“值日官日出”“刻”“分”“昼”“夜”“班”“首”“午正用象限仪测得太阳高”“一丈中表”“北影边长”“南北圆形长”，以及表尾之“嘉庆”“年”“月”“日”“仪器交明接管讫”等字。其余皆用毛笔填写。以下据《中西交通史》(下册第四篇第一章)列出其中第四表之全部内容，以供参考。

表 4-1　方豪《中西交通史》所列“第四表”

嘉庆二十一年七月初十日丁巳处暑十日

观象台风呈　值日官	五官灵台郎纪录八次	金城	（押）
	博士纪录五次	那敏	（押）
日出卯初二刻二分昼五十一刻十一分	班首　天文生徐治平		（押）
日入酉正一刻十三分夜四十四刻四分	班首　天文生白嵩秀		（押）

寅时	二班	
	寅卯时	李文杰　李　钧
卯时西南微风云阴		
辰时西南微风阴云中见日		
巳时西南微风阴云中见日	巳午时	李致中　姚广存
午时西南微风阴云中见日		
未时西南微风阴云中见日	未　时	何元渡
申时西南微风阴云中见日		
酉时西南微风阴云中见日	申酉戌时	何树本　栗　绎
戌时		
昏刻西南微风阴云中见星月	昏刻	东方天文生　姚广存 西方天文生　李　钧
一更西南微风阴云中见星月	一更	南方天文生　李文杰
二更西南微风阴云中见星月	二更	北方天文生
三更西南微风阴云中见星月	三更	东方天文生　李致中
四更西南微风阴云中见星月	四更	西方天文生 南方天文生　何元渡 北方天文生
五更西南微风阴云中见星	五更	东方天文生　何树本 西方天文生
晓刻西南微风阴云中见星	晓刻	南方天文生　栗　绎 北方天文生

午正用象限仪测得太阳高阴云

一丈中表　北影边长

南北圆影长

嘉庆二十一年七月　日仪器交明接管讫

第二节　古代天象记录作为科学遗产的学术意义

对现代天文学而言，中国古代天学在世界天学史上的重要地位主要表现在它为今天留下了最丰富、最完备的天学史料。《中国古代天象记录总集》全面地搜集考证了历代官史、明清实录、“十通”、地方志以及其他古籍中的天象观测记录，得到如下统计结果：

日食记录一千六百余项，

月食记录一千一百余项，

月掩行星记录二百余项，

新星及超新星记录一百余项，

彗星记录一千余项，

流星记录四千九百余项，

流星雨记录四百余项，

陨石记录三百余项，

太阳黑子记录二百七十余项，

极光记录三百余项，

其他天象记录二百余项。

以上这些天象记录之丰富和完备，在世界天文学遗产中是首屈一指、无与伦比的。

古代天象记录作为科学遗产，可以解决现代天文学与历史年代学两方面问题。

一、解决现代天文学问题

（一）《古新星新表》

席泽宗先生于1955年发表的《古新星新表》，以及1965年他与薄树人合作的《中、朝、日三国古代的新星纪录及其在射电天文学中的意义》，长期受到国际天文学界的极大重视。更值得注意的是，此后天文学的发展，日益显示出这项工作的重要性。这项工作被誉为“举世闻名”，绝非夸张的说法。

20世纪40年代初，金牛座蟹状星云被证认出是公元1054年超新星爆发的遗迹，而关于这次爆发在中国古籍中有最为详细的记载。随着射电望远镜的出现和勃兴，1949年又发现蟹状星云是一个很强的射电源。1950年代又在公元1572年超新星和1604年超新星爆发的遗迹中发现了射电源。天文学家于是设想：超新星爆发可能会形成射电源。

然而，超新星爆发是极为罕见的天象。以我们所在的银河系为例，从公元1604年迄今就一次也未出现过；两千年间有历史记载的河内超新星也只有14颗。因此要验证上述设想，不可能作千百年的等待，只有求助于历史记载。当时苏联天文学界对此事兴趣颇大，因西方史料不足，乃求助于中国。1953年，苏方致函中国科学院，请求帮助调查历史上几个新星爆发的资料。当时的中国科学院副院长竺可桢乃将这项任务交席泽宗承担。

证认史料中的新星和超新星爆发记录，曾有一些外国学者尝试过，其中较重要的是K. Lundmark，他在1921年刊布了一份《疑似新星表》。直到1955年以前，全世界天文学家在应用古代新星和超新星资料时几乎都不得不使用该表。然而，这份表在准确性和完整性方面都有严重的不足。

自1954年起，席泽宗连续发表了《从中国历史文献的纪录来讨论超新星的爆发与射电源的关系》和《我国历史上的新星纪录与射电源的关系》等文。接着在1955年发表《古新星新表》，充分利用中国古代在天象记录资料方面完备、持续和准确的巨大优势，考订了从殷商到公元1700年间的90次新星和超新星爆发记录。此文一发表，立即引起美、苏两国的重视。苏联先作了报道，随后全文译出。美国也先在杂志上作了报道，接着全文译出。国内，竺可桢先生也给予很高评价，将此文与《中国地震资料年表》并列为新中国成立以来我国科学史研究的两项重要成果。

1965年，席泽宗与薄树人合作，又发表了《中、朝、日三国古代的新星纪录及其在射电天文学中的意义》。此文在《古新星新表》的基础上作了进一步修订，又补充了朝鲜和日本史料中的材料，制成一份更为完善的新星和超新星爆发编年记录表，总数则仍为90次。此文还提出了七项判据，用以将爆发新星从彗星或其他变星记录中鉴别出来，以及两项将超新星从新星记录中区别出来的标准。作者又根据历史记录讨论了超新星的爆发频率。此文发表后在国际上产生了更大的影响。第二年就在美国出现了英译本，同年美国国家宇航局又出版了另一种单行本。有一个数字很能说明问题：此文发表后的20多年中，世界各国在讨论超新星、射电源、脉冲星、中子星、X射线源、γ射线源等最新天文学研究对象时，引用此文的文献多达1 000种。一项工作达到这样高的被引用率，而且与此后如此众多的新进展联系在一起，这在当代是颇为罕见的。之所以会如此，必须从当代天文学的新发展中去探求原因。

按照现代恒星演化理论，恒星在其演化末期将因质量不同而形成白矮星、中子星或黑洞。有多少恒星在化为白矮星之前会经历新星或超新星爆发阶段？讨论这个问题的途径之一，就是在历史记录的基础上通过计算超新星爆发频率来进行。更为重要的是，恒星演化理论还预言了由超密态物质构成的中子星的存在。1967年A. Hewish发现了脉冲星，这种天体不久被证认出正是中子星，从而证实了恒星演化理论的预言。而许多天文学家认为中子星是超新星爆发的遗迹——爆发时抛射出去的物质形成星云状物质，内部则坍缩成为中子星。至于黑洞，虽然无法直接观测到，但可以通过间接方法来证认。被认为很有可能是黑洞的天体X射线源天鹅座X-1，有人提出该天体可以和历史上的新星爆发记载相对应。同时，随着近二十年来X射线天文学、γ射线天文学等新分支学科的兴起，发现超新星爆发后还形成X射线源和宇宙线源，等等。上述这些天体物理和高能物理等方面的新进展，无不和超新星及其遗迹有关，也就离不开超新星爆发的历史资料。这正是《古新星新表》和《中、朝、日三国古代的新星纪录及其在射电天文学中的意义》长期受到各国科学家高度重视的原因。

中国天文学家对历史上新星和超新星爆发记录的证认和整理，除了在上述各方面作出了重要贡献外，还具有更为广泛的意义，由于这项工作是中国自己培养的新一代天文学家完成的，它对提高中国在国际天文学界乃至科学界的地位和影响起了很大作用。爱尔兰丹辛克天文台的天文学家江涛说："对西方科学家而言，可能所有发表在《天文学报》上的论文中最著名的两篇就是席泽宗在1955年和1965年关于中国超新星记录的文章。"美国著名天文学家O. Struve等人的经常被学者们引用的名著《二十世纪天文学》中只提到一项中国的天文工作，即《古新星新表》。Struve等对中国学者天文工作的取舍固然不一定适当，但这项工作提高了中国在国际天文学界的地位，则无可怀疑。

另一方面，这项工作在当时又成为中国自然科学史研究发端时期的一个成功范例，并被视为古为今用、科学史研究与现代科学紧密结合的典型。1950年代初，竺可桢大力倡导中国科学史的研究，在《为什么要研究我国科学史》一文中，他举历史上地震记录在选址时所起的作用和新星爆发记录对射电源研究所起的作用为例，论证科学史研究之必要和价值。天文学史专家刘金沂认为，《古新星新表》使得天文学史"这门学科有了新的生长点"。这一见解颇有独到之处。日本关西大学天文学史专家桥本敬造则指出："席泽宗先生强调说，东洋文明决不是只能陈列于博物馆之中，而是它在现代科学的发展方面，正在起着并将继续起着重要作用。"[①]

《古新星新表》等两文，可以说正是这种作用的典型体现。

（二）天狼星颜色问题

天狼星（Sirius，即CMa——大犬座星）是全天最亮恒星，呈耀眼的

① 江晓原：《〈古新星新表〉问世始末及其意义》，《中国科学院上海天文台年刊》第15号，上海科技出版社，1994年。

白色。它还是目视双星，其中B星又是最早被确认的白矮星。但自从现代天体演化理论确立之后，这一非常成功的理论，却因西方古代对天狼星颜色的某些记载而被困扰了百余年。

在古代西方文献中，天狼星常被描述为红色。学者们在古巴比伦楔形文泥版书中，在古希腊、罗马时代托勒密（Ptolemy）、塞涅卡（L.A. Seneca）、西塞罗（M. T. Cicero）、贺拉斯（Q. H. Flaccus）等著名人物的著作中，都曾找到这类描述。

按现行恒星演化理论，及现今对天狼双星的了解，其A星正位于主星序上，根本不可能在一两千年的时间尺度上改变颜色。

考虑到恒星在演化为白矮星之前会经历红巨星阶段，若认为天狼B星曾经有盛大的红光掩盖了A星，似乎有希望解释古代西方关于天狼星呈红色的记载。然而按现行恒星演化理论，从红巨星演化为白矮星，即使考虑极端情况，所需时间也必然远远大于1 500年，故古代西方的记载始终无法在现行恒星演化理论中得到圆满解释。

1985年W. Sehlosser和W. Bergnmma又旧话重提，他们宣布在一部中世纪早期手稿中，发现了图尔的主教格里高利（Gregory）写于公元6世纪的作品，其中提到的一颗红色星可确认为天狼星，因而断定天狼星直到公元6世纪末仍呈红色，此后才变白。由此引发对天狼星颜色问题新一轮的争论和关注。

于是天文学家只能面临如下选择：或者对现行恒星演化理论提出怀疑，或者否定天狼星在古代呈红色的说法。

其实，西方对天狼星颜色的古代记述并非完全无懈可击：塞涅卡、西塞罗、贺拉斯等人，或为哲学家，或为政论家，或为诗人，他们的天文学造诣很难获得证实；托勒密虽为大天文学家，但其说在许多具体环节上仍不无提出疑问的余地（例如：他说的那颗红色星是不是天狼星？）。至于格里高利所记述的红色星，不少人认为其实是大角（Arcturus，α Boo）——该星正是明亮的红巨星。

而另一方面，古代中国的天文学—星占学文献之丰富，以及天象记录之系统细致，是众所周知的。因此，我们感到有必要转而向早期中国古籍中寻求证据。我们曾先后花了数年时间，尝试在浩如烟海的中国古籍中寻找能够解决天狼星颜色问题的史料。最后出乎意料，竟在星占学文献中找到了决定性的证据。

古代中国星占文献中所提到的恒星和行星颜色，几乎毫无例外都是着眼于这些颜色的星占学意义。中国古代有“五行”之说，渗透到诸多领域，“五行”学说在星占学中的应用之一，就是用“五行”以配星之五色。而众星既有五色，就需要有指定某些著名恒星作为五色的标准星。因此，星占文献中所涉及的恒星颜色，只有这些标准星本身颜色的记载才是真正可靠的。

这种关于标准星颜色的记载数量很少，现今所见最早记述出自司马迁笔下，《史记·天官书》中谈论金星颜色时，给出五色标准星如下：

白比狼，赤比心，黄比参左肩，苍比参右肩，黑比奎大星。

上述五颗恒星依次为：天狼星、心宿二、参宿四、参宿五、奎宿九。

司马迁对五颗恒星颜色记述的可靠性，可由下述事实得到证明：五颗星中，除天狼因本身尚待考察，暂置不论外，对其余四星颜色的记载都属可信。心宿二，光谱为 M_1 型，确为红色；参宿五，B_2 型，呈青色（即苍）；参宿四，今为红色超巨星，但学者们已证明它在两千年前呈黄色，按现行恒星演化理论是完全可能的。最后的奎宿九，M_0 型，呈暗红色，但古人将它定义为黑也有道理——因与五行相配的五色有固定模式，必定是青、红、黑、白、黄，故其中必须有黑；而若真正为“黑”，那就会看不见而无从比照，故必须变通。

这里还有一个可以庆幸之处：古人既以五行五色为固定模式，必然会对上述五色之外的中间状态给予近似或变通的描述，硬归入五色中去，则他们谈论这些星的颜色时难免不准确；然而在天狼星颜色问题中，恰好是红、白之争，两者都在上述五色模式中，故可不必担心近似或变通问题。这也进一步保证了利用古代中国文献解决天狼星颜色问题时的可靠。

下表是中国早期文献（不必考虑公元7世纪之后的史料）中仅见的四项天狼星颜色可信记载的原文、出处、作者和年代一览。

表4-2　古籍中四项对天狼星颜色之可信记载一览表

序号	原文	出处	作者	年代
1	白比狼	《史记·天官书》	司马迁	前100年
2	白比狼	《汉书·天文志》	班固、班昭、马续	100年
3	白比狼星、织女星	《荆州占》	刘表	200年
4	白比狼星	《晋书·天文志中》	李淳风	646年

以上四项记载的可靠性，都经过了笔者详细考证。至此已可确知：在古代中国文献的可信记载中，天狼星始终是白色的。不仅没有红色之说，而且千百年来一直将天狼星视为白色标准星。这在早期文献中是如此，此后更无改变。因此可以说，现行恒星演化理论从此不会再因天狼星颜色问题而受到任何威胁了。[①]

二、解决历史年代学问题

所谓“天文历史年代学”，意为利用天文学方法，以解决历史学中之年代学问题。它实际上是天文学史或历史学之下的一个交叉学科的小分支。西方学者早在几个世纪之前就已经在运用天文学方法解决历史年代学问题了。

然而，天文历史年代学首创之功，恐怕确实要归于中国人。两千年前，西汉末年之超级学术大师、新莽“国师”刘歆，堪称天文历史年代学之鼻祖。其《三统历·世经》是历史上第一部天文历史年代学的成果。

① 江晓原：《中国古籍中天狼星颜色之记载》，《天文学报》1992年第4期。

天文历史年代学之基本思路，刘歆都已经有了。若有人将今日之天体力学公式和奔腾电脑送给刘歆，刘歆大约也能正确解决武王伐纣的年代问题——这固是玩笑之辞，但也并非毫无道理。

（一）武王伐纣时间的天象研究

武王伐纣之年，正是商朝结束，周朝开始。如能定出武王伐纣之确切年代，就可以根据文献和考古材料所记载商、周各有多少王、各王在位多少年等资料，推算出一个年表。所以武王伐纣的年代问题，是判断商、周年代至关重要的一个点。

考订武王伐纣之年，又是一个非常典型的历史年代学课题。由于传世的有关史料比较丰富但又不够确定，使得这一课题涉及文献史料的考证、古代历谱的编排、古代天象的天文学推算、青铜器铭文的释读等等。这一课题为古今中外的学者提供了一个极具魅力的舞台，让他们施展考据之才，驰骋想象之力。

正因为如此，这一课题研究发端之早、持续年代之长、参与学者之多，都达到了惊人的程度。最先在这一舞台上正式亮相的，或当推西汉末的刘歆，《汉书·律历志》中的《世经》篇，就是刘歆依据他自己的历法《三统历》求得的历史年代学成果。进入20世纪，加入研究武王伐纣之年队伍的不仅有中国学者，还有日本、欧洲和美国的学者。研究者在中外各种学术刊物上发表了大量论著。有的学者还随着研究的不断深入，先后提出过不止一种结论。然而如此之多的学者研究了两千余年，武王伐纣之年还一直未有定论。

由于天人感应的思想观念在古代中国源远流长，改朝换代、人间治乱等都被认为与某些特殊天象有直接关系，因此许多历史事件的记载中往往包括了事件前后所出现的某些特殊天象记录。像武王伐纣这样的重大历史事件，自不例外。《国语·周语》《淮南子·兵略训》等古籍在论及武王伐纣时，都有当时一些特殊天象的记录，但是这些古籍，成书年代都要比武王伐纣晚很多，比如《国语》成书于战国，《淮南子》成书于西汉，都不是当时的记录。这样就使得史籍中关于武王伐纣时的天象记载，本身还有真伪难辨的问题。

史籍所载武王伐纣时的特殊天象，成为现代学者探索伐纣之年的重要途径。因为应用现代天文学中的天体力学方法，天文学家已经能够对几千年前的许多天象进行回推计算。如日食、月食、行星位置、周期彗星等等，从理论上说，都可以根据史籍中的记载，推算出此天象发生于何年何月何日，甚至精确到几时几分几秒。由此即可推得武王伐纣之年究竟是哪一年。

古今中外研究者所推得的伐纣之年，大相径庭。据目前所见材料，截至 1997 年 5 月 1 日，已经发表的关于武王伐纣之年的研究论著至少已达 106 种，提出了多达 44 种不同的伐纣之年。下表以简表形式给出一览：

表 4－3　44 种武王克商之年一览表

序号	克商之年(公元前)	提出者及支持者
1	1130	林春溥
2	1127	谢元震
3	1123	胡厚宣
4	1122	刘歆、邵雍、刘恕、郑樵、金履祥、马端临、吴其昌、岛邦男
5	1118	成家彻郎
6	1117	胡厚宣
7	1116	皇甫谧
8	1112	刘朝阳
9	1111	一行、董作宾、严一萍、郑天杰
10	1106	张汝舟、张闻玉
11	1105	马承源
12	1102	黎东方
13	1093	葛真
14	1088	水野清一
15	1087	白川静
16	1078	胡厚宣

续 表

序号	克商之年(公元前)	提出者及支持者
17	1076	丁骕
18	1075	唐兰、刘启益
19	1071	李仲操
20	1070	“殷历家”、邹伯齐、李仲操、张政烺、刘启益
21	1067	姚文田
22	1066	姚文田、新城新藏
23	1065	姚文田、哈特纳(W.Hartner)、白光琦
24	1063	山田统
25	1059	彭𬀩钧
26	1057	朱右曾、张钰哲、葛真、赵光贤、张培瑜
27	1055	章鸿钊、荣孟源
28	1051	高木森、姜文奎
29	1050	李兆洛、叶慈(W.P.Yetts)
30	1049	王保德
31	1047	林春溥
32	1046	班大为(D.W.Pankenier)
33	1045	倪德卫(D.S.Nivison)、夏含夷、周法高、赵光贤
34	1044	李丕基
35	1041	吉德炜(Keightley)
36	1040	倪德卫、周文康
37	1039	何幼琦
38	1035	萧子显
39	1030	丁山、方善柱、周流溪
40	1029	黄宝权
41	1027	梁启超、雷海宗、莫非斯、陈梦家、高本汉、屈万里、何炳棣
42	1026	劳幹
43	1024	平势隆郎
44	1018	周法高

我们对此进行了全面考察。上表各家之说，大体可分为如下几类：

（1）依据《竹书纪年》中王年记载及《史记·鲁世家》中之鲁公纪年以推算者。

《竹书纪年》晚出伐纣之后千年，当时出土、整理的情况如今也难知其详，干脆不信，也不算毫无道理。诚如吉德炜所说：

> 首先，不能断定257年的记载是《竹书纪年》的原始记录，还是后人的注释。第二，我们不能断定这条资料是否流传准确。第三，我们不能肯定257年是到幽王元年，还是到幽王末年。……第四（也是最重要的），我们无法证明《纪年》的作者（们）见过据精确的西周记载中推衍出来的年表。

但有些学者又很希望所定伐纣之年能够与这些王年记载相合，遂有不同释义以及怀疑文字有误而作改动之论。不过这种改动的根据也大成问题。至于鲁公纪年，本身就有调节的余地。

（2）考虑到《武成》历日、月相及历谱者。

《武成》篇之伐纣历日记载，因其中甲子日克商之说得到利簋铭文证实，可信度较大。刘歆等古代学者解决伐纣之年的主要方法，就是从排算历谱入手。不过由于古代历法不够精密，排算结果当然未尽可信。

现代学者则在《武成》及《世俘》中月相术语的理解上出现了巨大分歧，“四分”“两分”等说聚讼不已。以此解读《武成》《世俘》，自然言人人殊，难以取得确切结果。况且仅靠推排历谱本来就难以确定伐纣之年。

（3）利用天象以推算伐纣之年者。

前贤研究中已有多次此种尝试，但因未能对所有有关的天象记载进行全面考察及甄别（在计算机尚未发展、普及如今日时，此种考察及甄别实际上几乎无法进行），故常见各执一端之情形。

首先，能够回推计算的天象必为周期天象，而周期天象必然会有多重解，比如“岁在鹑火”每12年就会出现一次，而“日在析木之津”则每年都会出现一次，等等。在计算机尚未发展、普及的年代，学者们通常只能对某种天象求取某一次或若干次特定的解，而无法对所有有关天象进行长时段的（比如说100年）、全面的回推、排比和筛选——理论上虽然可能知道如此做的必要，但实际上是人力不可能胜任的。因此前贤多在通过其他手段获得一个假设的伐纣之年后，再用某种天象记录来作为旁证，而由于天象的周期性，这样的旁证很容易获得。这就是为什么同一个天象会被不同的学者用来支持不同的伐纣之年。

其次，前贤普遍将目光集中在“岁在鹑火”、“五星聚”、彗星出现等引人注目的天象上，结果反而忽略了对定年特别有用的天象。

再次，没有计算机的帮助，没有先进的现代天象演示软件，某些天象的特殊性很难被明确揭示出来。

以下将全面考察与武王伐纣有关的天象记录，再采用国际天文学界最先进的长时段星历表数据库及计算软件，逐一对这些天象记录进行回推检验，然后决定对这些天象的取舍。为此先要确定处理天象记载的两条基本原则。一、假定干支纪日从商、周时代直至今日始终连续，且无错乱。二、我们的任务，是运用现代天文学方法，对所有武王伐纣时的天象记载进行全面计算检验，从而首先，判断可能的天象：在前后百余年间（各家伐纣之年所分布的极限范围）的时段内，这些天象记载中哪些确实可能发生？其次，判断可用天象：在上述时段内可能发生的天象中，哪些可以用来确定伐纣之年？再次，定年：利用可用的天象，筛选出可信的伐纣之年。

下文所述16项天象记载中，除第一项可认为是伐纣当时留下的记载之外，其余皆为后世所传。虽有个别学者曾怀疑某些记载系后人伪作，但并无足够的证据。而天文学的计算检验能够辨别这些天象记载之真伪。

在对上述天象进行检验计算，以及此后的回推、筛选计算中，行星、月球历表为必需之物，1963 年斯塔曼（Stahlman）曾用分析方法算出太阳和行星公元前 2000 年—公元 2000 年间的位置表，以供天文史研究之用。但该表精度不甚高，而且使用不便，所以有的学者干脆自己用天体力学方法回推，并且都号称自己的方法最精确。由于他们的源程序通常都秘不示人，其他人无从比较其优劣。

美国著名的喷气推进实验室（JPL）之斯坦迪士（Standnish）等人，长期致力于行星和月球历表的研究工作，他们用数值积分方法，结合最新的理论模型和观测结果，研制出了与各个时期的科学水平相适应的系列星历表，并无偿提供给全世界学者使用（目前 DE 系列的星历表是国际天文学界使用最多的星历表）。1980 年代他们制作了长时间跨度的行星历表 DE102，在国际上得到广泛使用。最近，斯坦迪士等人又研制了时间跨度更长的行星历表 DE404（公元前 3000 —公元 3000），它不但吸收了雷达、射电、VLBI（甚长基线干涉）、宇宙飞船、激光测月等等高新技术所获得的最新观测数据，而且在力学模型上有所改进，保证了积分初始值的精确性和理论的先进性；并且在积分过程中，不但与历史上的观测记录进行了比较，而且同时对比了纯粹用分析方法所得的结果。这样就进一步保证了星历表的稳定性和可靠性。

经过与斯坦迪士本人联系，他将全套 DE404 软件无偿提供给我们使用。这也可以看作国际天文学界对我们研究工作的支持。

另一个比较重要的软件是 Skymap3.2，这是一个非常先进的天象演示软件，能够在给定观测时间、观测地点之经纬度后，立即演示出此时此地的实际星空，包括恒星、太阳、月亮、各行星、彗星乃至河外星云等几乎所有天体的精确位置。我们用 DE404 检验了该软件的精度，发现在前推 3 000 余年时，其误差仍仅在角秒量级，这对本课题的研究来说已经绰绰有余。

史籍中武王伐纣有关天象及日期记载，共有如下 16 项，我们逐条讨论。

（1）利簋铭文：

武王征商，隹甲子朝，岁鼎克昏，夙有商。

可信。指明克商之朝为甲子，其时（例如此日凌晨）在牧野见到“岁鼎”，即木星上中天。因属必然会发生之天象，无须检验。克商之日的天象中，上述两点都应被满足。

（2）《汉书·律历志下》引《尚书·周书·武成》：

惟一月壬辰，旁死霸，若翌日癸巳，武王乃朝步自周，于征伐纣。

粤若来三（当作二）月，既死霸，粤五日甲子，咸刘商王纣。

惟四月既旁生霸，粤六日庚戌，武王燎于周庙。翌日辛亥，祀于天位。粤五日乙卯，乃以庶国祀馘于周庙。

（3）《逸周书卷四·世俘解第四十》：

惟一月丙午旁生魄（一说应作“壬辰旁死魄”），若翼日丁未（一说应作“癸巳”），王乃步自于周，征伐商王纣。越若来二月既死魄，越五日甲子朝，至，接于商。则咸刘商王纣。

可信。历日，无须检验，重现的克商日程，应满足其中的干支、月相及历日。关于此两条记载中月相术语之解读，采用李学勤先生最新研究成果：依文义只能取定点说。

前人常认为《武成》“惟一月壬辰，旁死霸，若翌日癸巳，武王乃朝步自周，于征伐纣”，以及《世俘》“惟一月丙午旁生魄，若翼日丁未，王乃步自于周，征伐商王纣”两条记载矛盾，一直是据《武成》以改《世俘》，而未见为这样改动提供足够的根据。

根据我们的研究，从壬辰到丙午正好半个朔望月，这两条记载的月相和历日干支是完全自洽的，我们可以给出一个新的解释：将《武成》“武王乃朝步自周”释为“武王自周地出发”（注意：周师已经先期出发），将《世俘》“王乃步自于周”释为“武王从周地来到军中”。武王于一月壬辰旁死魄之次日从周地出发，至一月丙午旁生魄的次日与大部队会合。这样的解释合情合理，又不必改动文献，就可使《武成》《世俘》两者同时畅然可通，应该是更可取的。

（4）《国语 · 周语下》伶州鸠对周景王：

> 昔武王伐殷，岁在鹑火，月在天驷，日在析木之津，辰在斗柄，星在天鼋，星与日辰之位皆在北维。

此条特别重要，这一组天象实际上是按照伐纣战役进程中真实天象发生的先后顺序来记载的，可以说是武王伐纣时留下的天象实录。

“岁在鹑火”历来极受各家注意，但这条记录的可靠性实际上大成问题。我们用 DE404 对《左传》《国语》中有明确年代的岁星天象记载共 9 项进行回推计算，发现竟无一吻合！这是无可置疑的事实，而其原因，则尚待解释。但至少已经可以看出，用“岁在鹑火”作为确定伐纣之年的依据，是不可靠的。所以在下面的工作中，我们先不使用“岁在鹑火”。但考虑到伶州鸠所述天象的特殊性，不妨用作辅助性的参证。

“日在析木之津”表示太阳黄经当时在 223°—249°之间。

“月在天驷”，“天驷”，星名，可指中国古代的“天驷”星官，由包括天蝎座 π 星（Sco π，正是二十八宿中房宿的距星）在内的四颗黄经几乎完全相等、与黄道成垂直排列的恒星组成，古人将之比附驾车之四匹马。

“辰在斗柄”：指日、月在南斗（斗宿）合朔。

"星在天鼋"：意为"水星在玄枵之次"。

"星与辰之位皆在北维"：当太阳和水星到达玄枵之次时，它们就是在女、虚、危诸宿间，这些宿皆属北方七宿，此即"北维"之意。

(5)《淮南子·兵略训》：

> 武王伐纣，东面而迎岁，……彗星出而授殷人其柄。

由于彗星相当多，仅靠彗星天象是无法确定武王伐纣之年的。①

关于"东面而迎岁"，须稍作辨析：木星总是从东面升起，一年中许多日子皆可见到它东升。关键在"迎"字——迎是一个动作。武王的军队从周地出发，基本上是向正东方向行进，只有他们在清晨进军路上恰好见到木星出现在东方（这就不是经常可见的了），这才能称为"东面而迎岁"，也才值得专门记录下来，流传后世。

(6)《荀子·儒效》：

> 武王之诛纣也，行之日以兵忌，东面而迎太岁。

太岁是人为定义的假想天体，匀速绕周天运行，方向与岁星相反。殷末周初是否已有此种假想天体之定义，大可怀疑。故本条仅可作定年时辅助参考之用。

(7) 今本《竹书纪年》卷下：

> (文王时)孟春六旬，五纬聚房。

(8)《新论》(严可均辑本)：

① 卢仙文、江晓原、钮卫星：《古代彗星的证认与年代学》，《天文学报》1999年第3期。

甲子,日月若合璧,五星若连珠,昧爽,武王朝至于商郊牧野,从天以讨纣,故兵不血刃而定天下。

(9)《太平御览》引《春秋纬·元命苞》:

殷纣之时,五星聚于房。

(10) 今本《竹书纪年》卷上:

(帝辛)三十二年,五星聚于房。有赤乌集于周社。……(帝辛)三十三年,王锡命西伯,得专征伐。

"五纬聚房"是否能在本课题所考虑的时间段内出现,需要检验。

房宿的距星(巧得很,正是天驷!)在我们所考虑的时间段中,黄经(因岁差而有微小移动)在199.63°—201.03°之间,房宿本身的跨度又非常小(不足5°!)。我们用DE404计算该时间段中的所有五星聚,发现只有一次可以非常勉强地谓之"聚于房"(公元前1019年8月29日—9月25日,五星先后出现于角、亢、氐、房、心、尾等六宿)。

此外,五星聚还有两个问题:一是定义问题,五大行星究竟要聚在多小的范围中才算是"五星聚"?现今找到的古籍中的定义都是伐纣千年以后的,我们不知道武王伐纣时代天学家是用什么定义——如果他们真的记载过"五纬聚房"的话。其二,从后世史籍所见此类天象与人间事变的对应来看,前后出入两三年乃至五六年都可。也就是说,只要在伐纣之前或之后三五年内出现"五纬聚房",武王伐纣都可被作为它的"事应"。考虑到这一层,五星聚对确定伐纣之年的权重就非常之小了。故在后面的工作中我们不使用"五纬聚房"。

(11)《逸周书·小开解》:

维三十有五祀，(文) 王念曰："多□，正月丙子拜望，食无时。"

本条中"维三十有五祀王念曰"，有谓"三"字为"王"字之误者；有谓"王念曰"之王为文王或武王者（理解为文王较可从）；且"食无时"是否能解释为月食，大有疑问。更合理的解释应是"未按时进食"。故本条难以用来定年。

(12)《旧唐书·礼仪志一》长孙无忌等奏议引《六韬》曰：

武王伐纣，雪深丈余。五车二马，行无辙迹，诣营求谒，武王怪而问焉，太公对曰："此必五方之神，来受事耳。"遂以其名召入，各以其职命焉。既而克殷，风调雨顺。

(13)《周书·刘璠传》载刘璠《雪赋》：

庚辰有七尺之厚，甲子有一丈之深。

有助于表明武王克商时在冬季。这一点实际上与"日在析木之津"一致。

(14)《尸子》卷下：

武王伐纣，鱼辛谏曰：岁在北方不北征。武王不从。

"岁在北方"含义不明，更何况武王克商无论如何不是"北征"而是东征。

(15)《周书·泰誓》序：

惟十有一年武王伐殷，一月戊午师渡孟津，作《泰誓》三篇。

（16）《史记·周本纪》：

> 十一年十二月戊午，师毕渡盟津，……武王乃作《太誓》。

提供了周师渡过孟津的日干支。

根据上面对史籍中伐纣天象记录的逐项讨论，我们可以明确知道，仅仅从天文学计算出发，重建的武王伐纣日程表应该同时满足如下七项条件：

（1）克商之日的日干支为甲子。——据利簋铭文

（2）克商之日的清晨应有岁星当头的天象。——据利簋铭文

（3）周师出发时应能在当地东方见到岁星。——据《淮南子·兵略训》及《荀子·儒效》

（4）在周师出发前后、应有"月在天驷"和"日在析木之津"的天象（对"月在天驷"的定义见上文的讨论）。——据《国语》伶州鸠对周景王所述伐纣天象及《三统历·世经》中的有关讨论

（5）从周师出发到克商之间应有一段日子，这段日子的长度应使得周师从周地出发行进至牧野有合乎常理的时间。——据《武成》与《世俘》所记历日及《三统历·世经》中的有关讨论

（6）在周师出发后、甲子日克商前，应有两次朔发生：第一次日干支为辛卯或壬辰；第二次则约在克商前五日，日干支为庚申或辛酉（考虑周初对朔的确定有误差）。——据《武成》与《世俘》所记历日

（7）在武王伐纣的过程中，应能见到"星在天鼋"的天象。——据《国语》伶州鸠对周景王所述伐纣天象

在上述条件基础上，可以进一步推算筛选伐纣日程之过程及结果。

第一步：

先从"月在天驷"和"日在析木之津"入手，设定：

（1）太阳黄经在215°—255°范围内（比析木之津略宽）

（2）月球黄经在天驷四星（该四星黄经在公元前 1050 年左右都在 200°— 201°之间）前后±15°之间（明显比“月在天驷”宽泛）

（3）月球黄纬不限

计算本课题所考虑的时间段内，所有满足“日在析木之津，月在天驷”的日期（其中有一年两个的情况）。对有连续二三日满足“日在析木之津，月在天驷”的情况，较靠近取其中月亮近天驷之日（所有位置都指当天世界时 0 时的位置，具体讨论时，月黄经需增加一个与时差改正相应的量，约 3.5°）。结果共有 145 个。这 145 个日子附近，皆有可能是周师出发的时间。

第二步：

寻找“日在析木之津，月在天驷”日期之后日干支为甲子的日期。要求“日在析木之津，月在天驷”之日和甲子日之间相隔合理的天数。然后计算这些甲子日的月龄——距离前一个定朔的日序，然后根据《武成》推算既死魄的日序（在此过程中，两个“师初发”日期有时只对应一个合适的甲子日）。

从对月相名词最自然的理解出发，首先可以认定：初三至十六不可能为既死魄定点日，故按《武成》历日，克商之甲子日不会在初七到二十之间。删除不合部分（甲子日重复的日期取其中适当的一组）。此时可选的日子已经减少为 59 个。

第三步：

利用两种岁星天象进行筛选。一、“日在析木之津，月在天驷”之日及此后若干日能否见到“东面而迎岁”；二、甲子日岁星上中天的情况：是否在白天，是否在日出前。这样即可作进一步筛选，删除：（1）在“师初发”前后不能在早晨东方天空见到岁星的日子；（2）“克商”之甲子日，岁星上中天时间在日出之后（看不见）和半夜之前（属前一天）的日子。结果还剩 18 项。

第四步：

天象综合检验：考察月与天驷四星的位置关系、“月在天驷”发生的时间、“岁鼎”时岁星的地平高度、其他亮天体的情况，等等。需要特别强调的是，到此时为止，可选的日期只剩下了七组，真正可取的只剩下了两组，而我们还未对月相作过任何定义！我们只是排除了既死魄定点在初三至十六的可能性——而这一点是月相争议各家都无异议的。

表 4-4　天象综合检验结果一览表

序号	事件	年	月	日	克商历日	检验结果
1	师初发	前 1091	12	13		勉强可取
	克商	前 1090	1	16	初一	
2	师初发	前 1081	11	24		勉强可取
	克商	前 1080	1	24	二十九	
3	师初发	前 1080	12	10		勉强可取
	克商	前 1079	1	18	初五	
4	师初发	前 1056	11	18		勉强可取
	克商	前 1055	1	12	二十四	
5	师初发	前 1045	11	16		勉强可取
	克商	前 1044	1	15	二十八	
6	师初发	前 1044	12	3		可取
	克商	前 1043	1	9	初四	
7	师初发	前 1020	12	8		可取
	克商	前 1019	3	4	二十四	

第五步：

现在我们可以针对“天象综合检验结果一览表”的结果，很方便地讨论可采取的月相定义。

表里的七组日期中，甲子日的历日可分为三种情况：

甲：公元前 1056 年和 1020 年，甲子日为二十四日。对应的既死魄定点日在二十日。

乙：公元前 1045 年、1081 年和 1091 年，甲子日分别为二十八、二十九和初一。既死魄可定在二十五日，允许前后移一日。

丙：公元前 1044 年和 1080 年，甲子日为初四和初五。既死魄定在晦日或朔日，即不见月之日。

在周师出发后、甲子日克商前，应有两次朔发生：第一次日干支为辛卯或壬辰；第二次则约在克商前五日左右，日干支为庚申或辛酉（考虑周初对朔的确定有一日之误差）。因此出师之后十余日即遇日干支为甲子，则该日即应排除，因为在此十余日内不可能有《武成》所记载的两次朔发生；若考虑下一个甲子，则从出师至克商长达七十余日，又与《武成》所载不合。又，出师之后的两次朔，其日干支不是《武成》所要求的辛卯或壬辰及庚申或辛酉，则该日亦应排除，因为显然与《武成》历日不合。

以表中7组日期，按《武成》历日进行具体的日程编排，立刻可以发现：

第1组："一月壬辰旁死霸"与"一月戊午师渡孟津"分在两个月里，甲子为三月朔日。不可取。

第2组与第4、第5组："一月壬辰旁死霸"与"一月戊午师渡孟津"分在两个月里。"师初发"与"武王乃朝步自周"相隔时间太长，不合情理。

第7组："一月壬辰旁死霸"与"一月戊午师渡孟津"分在两个月里。从"师初发"到"克商"长达87天，从"师初发"与"武王乃朝步自周"相隔时间也太长，不合情理。

只有第3、第6两组才能排列出合理的伐纣日程。从而证明：

《武成》月相名词"既死霸"只有解释成为晦或朔时不见月之日才合理。

而就这两组日期来说，公元前1080年1月18日甲子日"岁鼎"时间偏早。只有第6组：公元前1045年12月3日（或4日及附近日子）武王出师，公元前1044年1月9日甲子日克商——此日"岁鼎"时间为4点55分，紧扣利簋铭文"甲子朝岁鼎"的记载，成为唯一可取的日期。

上述筛选结果，还可以用天文学软件进一步验算。

试将上述这组日期输入 SkyMap3.2 进行演示，发现：

公元前 1045 年 12 月 3 日清晨 5 点 30 分，从西安向正东方天空观测，可以见到一钩残月恰位于天驷正上方，这是非常理想的“月在天驷”天象。特别值得注意的是，这一天象只能持续约 3 个小时。在凌晨 3 点时，月与天驷尚未升上地平线，因而不可见，而到 6 点时天已亮，此后群星自然又不可见。

《国语》中伶州鸠对周景王论此事云：“月之所在，辰马农祥也。我太祖后稷之所经纬也，王欲合是五位三所而用之。”天驷即房星，是“农祥”，而后稷是周人的祖先，则天驷此星对周人来说应该有些不同寻常。我们甚至还可以猜想：周人在这天清晨，面对此罕见的“月在天驷”天象，可能还举行了某种不常举行的仪式，是以故老相传，而有此“月在天驷”之记载。

再来对“东面迎岁”“岁鼎”进行检验。

前述七项条件中，第三项要求周师出发时应能在当地东方见到岁星；第二项要求在克商的甲子日清晨可以见到岁星当头的天象。要检验这两项，使用 SkyMap3.2 极为方便，下面讨论其结果。

公元前 1045 年 12 月 3 日，在西安当地时间清晨 5 点 30 分，向正东方向，可见木星此时正出现于东方非常显著的位置，地平高度达 50 余度，非常有利于观测。

我们定周师在 12 月 4 日出发，实际上周师在此前或此后若干天内出发，每天清晨都可以在东方天空见到岁星。

公元前 1044 年 1 月 9 日，也就是甲子克商之日，在牧野当地时间清晨 4 点 55 分时，向正东方向见到木星上中天，地平高度约 60°，正是不折不扣的岁星当头天象，即“岁鼎”。

再用 DE404，对水星及有关天象进行计算。

“天鼋”即玄枵之次，在武王伐纣时代位置约在黄经 278°— 306°之间。我们的计算表明：

公元前 1045 年从 12 月 21 日起，水星进入玄枵之次，此时它与太阳距角达到 18°以上。按照中国古代的经验公式，上述距角超过 17°时，水星即可被观测到。事实也是如此。此时水星作为“在天鼋”之昏星，至少有 5 天可以在日落后被观测到。更奇妙的是，在甲子克商之后，从公元前 1044 年 2 月 4 日起，直至 24 日，水星再次处于玄枵之次，而且其距角达到 19.99°— 27.43°之多，几乎达到其大距之极限。此时水星成为“在天鼋”之晨星，更容易观测，有 20 天可以在日出前被观测到。

至此我们实际上已经得到了满足前述全部七项条件的武王伐纣日程表。然而在给出这一日程表之前，我们还要再次考察“岁在鹑火”问题。

伶州鸠对周景王所说的伐纣天象中，实际上包括四条独立的信息：岁在鹑火、月在天驷、日在析木之津、星在天鼋。后三条经过上面的推算及多重验证，表明它们皆能与《武成》、《世俘》、利簋铭文等相合，可见伶州鸠之说相当可信。那么“岁在鹑火”一条何以就偏偏不可信?

先让我们考察当时岁星的位置：从周师出发到甲子克商，岁星黄经约在 168°— 170°之间，这是在那个时代的寿星之次（这当然只是表示回推计算的结果，那时未必有十二次的概念），确实与“岁在鹑火”不合。

然而这个问题并非无法解决!“武王伐纣”是一个时间段的概念。它应有广、狭二义。就狭义言之，可以认为是从周师出发到甲子克商；若取广义言之，则可视为一个长达两年多的过程。例如：

> 九年，武王上祭于毕，东观兵，至于盟津。……是时，诸侯不期而会盟津者八百诸侯，诸侯皆曰：“纣可伐矣!”武王曰：“女未知天命，未可也!”乃还师归。居二年，闻纣昏乱暴虐滋甚……（《史记·周本纪》）

在牧野之战的前二年，武王已经进行了一次军事示威，表明了反叛的姿态，这可以视为伶州鸠所说的“武王伐殷”的开始。八百诸侯会孟津的这一年，按照我们推算的伐纣年代，应该是公元前1047年。用DE404计算的结果，这一年中岁星的运行范围在黄经68°—107°之间，下半年的大部分时间它都在鹑火之次!

因此我们完全有理由认为，伶州鸠所说的“昔武王伐殷岁在鹑火”也是正确的。

至此，我们已经完成了对武王伐纣年份的确定，并且可以重建伐纣日程表：

表4-5　武王伐纣天象与历史事件一览表

公历日期（公元前）	干支	天象	天象记载出处	事件	事件记载之出处
1047		岁在鹑火(持续约半年)	《国语》	孟津之会,伐纣之始	《史记·周本纪》
1045-12-3	丁亥	月在天驷日在析木之津	《国语》		
1045-12-4	戊子	东面而迎岁(此后多日皆如此)	《淮南子》	周师出发	《三统历·世经》
1045-12-7	辛卯	朔	《武成》		
1045-12-9	癸巳			武王乃朝步自周	《武成》
1045-12-21	乙巳	星在天鼋(此后可见5日)	《国语》		
1045-12-22	丙午	望(旁生魄)	《世俘》		
1044-1-3	戊午			师渡孟津	《史记·周本纪》
1044-1-5	庚申	既死霸	《武成》		
1044-1-6	辛酉	朔			
1044-1-9	**甲子**	**岁鼎**	**利簋铭文**	**牧野之战,克商**	**利簋铭文、《武成》、《世俘》**
1044-2-4	庚寅	朔。星在天鼋(此后可见20日)	《国语》		

续 表

公历日期(公元前)	干支	天象	天象记载出处	事件	事件记载之出处
1044-2-19	乙巳	望(既旁生霸)	《武成》		
1044-2-24	庚戌			武王燎于周庙	《武成》
1044-3-1	乙卯			乃以庶国祀馘于周庙	《武成》

在经过非常复杂，也可以说是非常苛刻的验算和筛选之后，而且是在完全不考虑考古学、甲骨学、碳14测年等方面结果的条件之下，发现《武成》、《世俘》、利簋铭文、《国语》伶州鸠对周景王等等文献竟然真能相互对应，而且能够从中建立起唯一的一个伐纣日程表（这是严格筛选出来的最优结果），唯一合理的解释只能是：古人流传下来的这一系列天象记载确是真实的！

结论：牧野之战发生于公元前1044年1月9日。[①]

（二）孔子诞辰

孔子的生年，历来就存在疑问。唐代司马贞《史记索隐》在《史记·孔子世家》记载孔子逝世处就感叹说："《经》《传》生年不定，使孔子寿数不明。"可知该问题由来已久。20世纪已经出现了几种不同的孔子诞辰，各持一端，在年、月、日上皆有异说，使得各处的纪念活动无法一致。其实只要引入天文学方法，就可以明确解决这一重要的历史年代学问题。

比较流行的孔子生年，是依据《史记·孔子世家》中"鲁襄公二十二年而孔子生"得出，鲁襄公二十二年即公元前551年。但此说有两个问题：

一是与《史记·孔子世家》下文叙述孔子卒年时，说"孔子年七十三，以鲁哀公十六年四月己丑卒"不合。因为鲁哀公十六年即公元前

① 江晓原、钮卫星：《〈国语〉所载武王伐纣天象及其年代与日程》，《自然科学史研究》1999年第4期。

479年，551－479＝72岁。这只能用“虚岁”之类的说法勉强解释过去。

二是没有孔子出生的月、日记载。这就是说，仅仅依靠《史记·孔子世家》，无法为今天的孔子纪念活动提供任何具体日期。

另一种说法的文献依据是《春秋公羊传》和《春秋穀梁传》。先看原始文献：

> 《春秋公羊传》:“（襄公）二十有一年，……九月庚戌朔，日有食之。冬十月庚辰朔，日有食之。……十有一月，庚子，孔子生。”
>
> 《春秋穀梁传》:“（襄公）二十有一年，……九月庚戌朔，日有食之。冬十月庚辰朔，日有食之。……庚子，孔子生。”

这里两者都明确记载孔子出生于鲁襄公二十一年，即公元前552年；又都明确记载了孔子出生日的纪日干支——庚子。所不同者，一为十一月，一为十月。

我们可以先从文献本身的自洽程度，来判断《春秋公羊传》和《春秋穀梁传》两者的记载谁更可信。从纪日干支的简单排算就可知：九月庚戌朔，接着十月庚辰朔，接下去二十天后是庚子，则此庚子只能出现在十月，整个十一月中根本没有“庚子”的干支。可见《春秋公羊传》的记载自相矛盾。因此，显然应以《春秋穀梁传》的记载作为出发点，即孔子出生于鲁襄公二十一年（按照《春秋》所用历法的）十月庚子这一天。

接下来要确定“十月庚子”这一天是公历的几月几日。这没有像确定鲁襄公二十一年是公历哪一年那么简单。首先，这里牵涉到春秋时代的历法，其中月份是怎么安排的——简单地说，就是那时历法中的正月相当于现今夏历的几月，而这一点目前尚无定论（先前某些孔子诞辰有误即与此有关）。为了绕开这一尚无定论的问题，而将结论唯一确定下来，我们就不得不求助于天文学。

非常幸运的是,《春秋公羊传》和《春秋穀梁传》在孔子出生这一年中都记载了日食,这是我们解决问题的天文学依据。日食是非常罕见的天象,同时又是可以精确回推计算的天象。《春秋》242 年中,共记录日食 37 次,用现代天体力学方法回推验证,其中大部分皆真实无误。经推算,公元前 552 年,即鲁襄公二十一年这年中,在曲阜确实可以见到一次食分达到 0.77 的大食分日偏食,而且出现此次日食的这一天,纪日干支恰为庚戌,这就与"九月庚戌朔,日有食之"的记载完全吻合。而在次年,即鲁襄公二十二年,没有任何日食。

为了确定这次庚戌日食的日期,我们采用不考虑月份的记时坐标,即天文学上常用的"儒略日",这是一种以"日"为单位,单向积累的记时系统——中国古代连续不断的纪日干支系统实际上与"儒略日"异曲同工。公元前 552 年曲阜发生可见日食的那个庚戌日,对应的儒略日为 1520037。而儒略日与公历的对应是早已明确解决了的,与 1520037 对应的是公元前 552 年 8 月 20 日。

至此我们已经获得了一个确切无疑的、同时又与春秋历法无关的立足点,即:公元前 552 年 8 月 20 日,对应于鲁襄公二十一年九月庚戌朔日。接下去的工作就只需根据干支顺序作简单排算即可,结果可以用表格表示如下:

表 4-6 孔子生卒历日对照表

儒略日	史籍记载历日	天象与事件	公历日期(公元前)
1520037	襄二十一年九月庚戌朔	日食	552 年 8 月 20 日
1520067	襄二十一年十月庚辰朔	日食(实际未发生)	552 年 9 月 19 日
1520087	襄二十一年十月庚子	孔子诞生	552 年 10 月 9 日
1546536	哀十六年四月己丑	孔子去世	479 年 3 月 9 日

所以结论是:

孔子于公元前552年10月9日诞生，公元前479年3月9日逝世。[①]

注意，这个结果才能与《史记》中“孔子年七十三”的记载确切吻合。

曾有过不少论者，在孔子诞辰问题上，定年依据《史记》说，定月日却又依据《穀梁传》说，而此两说在生年上明明是相互矛盾的。不先辨别哪一种史料更可信，以决定取舍，却在两种相互矛盾的记载中“各取所需”，从逻辑上是说不通的。这样做无法保证立论的自洽。

根据上述结论，邮电部在1989年发行“孔子诞辰2 540周年”纪念邮票，在年份上并无差错，因为1989＋（552－1）＝2540年（没有公元0年，故减1），只是日期上稍有出入而已。同样道理，1999年就是孔子诞辰2 550周年，具体纪念活动的日期，则应确定为10月9日。

① 江晓原：《孔子诞辰：公元前552年10月9日》，《历史月刊》（台湾）1999年第8期。

第五章

历 法

第一节　中国古代“历”之范畴

一、历谱·历书·历法

日常生活中所见的月份牌之类，称为历谱。此物古已有之，比如近年来出土的大量秦汉历谱。历谱初时仅列出年份、每月日期、每日干支及个别历注，后来由简趋繁，就在每日之下，附注大量吉凶宜忌等内容，篇幅数十倍于最初之历谱，遂演变为历书。

典型的历谱，如秦汉简牍；典型的历书，如敦煌具注历日、南宋宝祐四年会天历、明清历书。历谱与历书区别极为明显，不会产生概念上的混淆。

问题出在“历法”一词。这是今人常用的说法。从表面上看，该词应是指编制历谱、历书之法，但这样理解只能是部分正确。今人通常将历代官史中《律历志》或《历志》所载内容（律部分自然除外）称为历法，而这些内容中的大部分，可以说与历谱或历书的编制并无关系；或者说，这些内容中的大部分并非编制历谱历书所需要。

此外，有些人又常将历谱、历书也称为历法，使情况变得更为复杂。而古人往往将历法、历谱或历书统称为“历”或“历术”，虽较含混，从概念上来说倒反而无懈可击。

为了便于针对问题进行讨论，本书仍按今人通常的习惯意义使用“历法”一词，即用“历法”指称历代官史中《律历志》或《历志》中所记载的有关内容。但需要特别指出，这与现代日常生活中所见月份牌之类的东西是相去绝远的不同概念。

至于历谱与历书，则由上所述，可以作明确区分。在以下的讨论中，将具注历称为历书，而将日期及干支等组合形成的简单表格成分称为历谱。一份历书中必含有历谱之成分，而一份历谱则还不足以称为历书。

二、历书之起源

现今已知之秦汉历谱实物有多种，跨越几个世纪之久。其中最简者，仅载每日干支及个别节气，但所有各谱中皆无任何吉凶宜忌内容。与此形成鲜明对比的是，现今所见唐宋及以后各种历书，或多或少，必有吉凶宜忌之历注。由此遂可归纳出一条明确判据如下：历书是历注中有吉凶宜忌之说者，历谱乃是无历注或历注中无吉凶宜忌之说者。

历书既为历谱与历忌之学直接结合之产物，那么此种结合发生于何时?

现今所发现的古历实物中，自汉简历谱至唐宋历书，中间只有一项过渡性材料——敦煌北魏历书。此件在1944年被发现于敦煌市廛，1950年，苏莹辉将其全文发表于《大陆杂志》(一卷九期)。奇怪的是，其原件现已下落不明，目前仅可见其照片。该历常被归入“敦煌历书”系列中论述，它虽然是纸质，但在年代上既孤悬唐宋之前，在体例上也与敦煌历书迥异，事实上此件只是一份历谱，而且是比任何现今所见秦汉历谱更为简略的历谱。故以下即称之为“北魏历谱”。北魏历谱有首尾完整之两年，因其体例在现存古历实物中极为特殊，且对以下讨论颇为重要，兹录其第一年之上半年谱文如次:

太平真君十一年历岁在庚寅大阴大将军

正月大一日壬戌收

九日立春正月节廿五日雨水

二月小一日壬辰满

十日惊蛰二月节廿五日春分廿七日社

三月大一日辛酉破

十一日清明三月节廿六日谷雨

四月小一日辛卯闭

十二日立夏四月节廿七日小满

五月大一日庚申平

十三日望芒种五月节廿八日夏至

六月小一日庚寅成

十四日小暑六月节廿九日大暑

……

该历每月仅列三日，于节气则极详备，另有社、腊、始耕、月会等项。历忌项目则仅有年神方位及建除十二直。非常明显的是，历注中并无任何吉凶宜忌之说，这与所有迄今所见汉简历谱一样。故依上文所述判断，此件属历谱无疑。

北魏历谱的年代——太平真君十一至十二年（450—451），提供了现今所见历谱的下限。再将历书的上限与之参照，即可推知由历谱至历书的演变发生于何时。

敦煌文献中保存唐、五代及宋时历书共数十种，但其中历书还不算最早。现今所见最早的历书实物，如1973年出土于新疆吐鲁番阿斯塔那210号古墓的唐显庆三年（658）历书残卷。兹录其七月一段如下，与上述北魏历谱对比：

（十）九日己亥木平岁后祭祀纳妇加冠吉

廿日庚子土定岁后加冠拜官移徙壤土墙修宫室修确硙吉

廿一日辛丑土执岁后仓母归忌起土吉

廿二日壬寅金破岁后疗病葬吉

廿三日癸卯金危岁后结婚移徙斩草吉

廿四日甲辰火成下弦阴错

显而易见，这已是典型的唐宋历书，历注项目虽不多，但其吉凶宜忌内容已可与南宋宝祐四年（1256）会天历比肩。

至此已经看到：最晚的历谱为451年，最早的历书为658年。在现今已见并可确定年份的全部古历实物中，451年之前没有历书，而658年之后没有历谱！由此当有足够的理由相信，自历谱至历书，其演变过程完成于451—658年之间。今后伴随出土文物增加，上述时段或可望进一步缩小。

三、历法的性质

在现代社会，将历法理解为“判别节气，记载时日，确定时间计算标准等的方法”，即编制历谱之法，大体正确，但对古代中国历法而言，并非如此。因为编制历谱是比较容易完成的课题，比如阳历，只要初步掌握太阳周年视运动即可；如是阴历（纯阴历，如伊斯兰教历、回历），则只需了解月相盈缺规律；中国古代使用的阴阳合历稍复杂一点，也只要基本掌握日、月运动规律即可。但古代中国的历法，上述内容只占很小一部分，而绝大部分内容与编制历谱无关。对此可取有代表性之典型历法以考察之。

中国传统历法的历史可以上溯到很早，但第一部留下完整文字记载的历法为西汉末年之《三统历》，这被认为系刘歆根据《太初历》改造而成。就基本内容而言，《三统历》实已定下此后两千年中国历法之大格局。故不妨先对《三统历》的结构、内容略作考察。该历载于《汉书》卷二十一《律历志下》，大体可分六章，依次如下：

第一章为数据，称为“统母”。共有数据八十七个，其中三分之二左右与行星运动有关。这些数据都是后面各章中运算时需要用到的。许多数据都被附会以神秘主义之意义，比如：十九年七闰之十九，是“合天地终数”而来（《易·系辞上》：天一，地二，天三，地四，天五，地六，天七，地八，天九，地十），而“朔望之会百三十五”则是“三天数二十五，两地数三十”而得（如《易·系辞上》：天数二十有五，地数三十），等等。

第二章曰“五步”。依次描述五大行星之视运动规律，将每颗行星的会合周期分为“晨始见”“顺”“留”“逆”“伏”“夕始见”等不同阶段，给出每阶段持续时间，及每阶段中行星之平均运动速度。

第三章曰“统术”。推求朔日、节气、月食等与日、月运动有关之项目。此章与编制历谱有关。

第四章曰“纪术”。系与前两章有关的补充项目。

第五章曰“岁术”。推算太岁纪年及有关项目；将十二次与二十四节气进行对应；给出二十八宿之每宿度数等资料。

第六章称为“世经”。是据《三统历》对上古至西汉末诸帝王所作之年代学研究。这部分实际上已不属历法范围，至多只能算历法之应用而已。

可知在《三统历》中，与编制历谱直接有关的，主要只是第三章中的一些内容，在整部历法中所占比例甚小，位置也不是最重要的。

再以著名的唐代《大衍历》为例考察之。

《大衍历》于唐开元十五年（727）由僧一行编成，此为中国历史上最重要的几部历法之一。由于该历的结构成了此后历代传统历法之楷模，考察该历结构，就更容易收举一反三之效。《大衍历》在结构上对前代历法作了调整和改进，划分为七部分，兹据《旧唐书》卷三十四《历志三》

所载（《新唐书》卷二十八《历志四上》亦载此内容，但较简单），依次略述如次：

"步中朔第一""步发敛第二"，此两章之篇幅特别短小，"步中朔"六节，"步发敛"仅五节。前者主要推求月相之晦朔弦望等内容，后者推求"七十二候"（二十四节气与物候、卦象之对应）、"六十卦"、"五行用事"等项。该两章为编制历谱及历注所需要。

以下五章，则为该部历法之主体：

"步日躔第三"，共九节。专门讨论太阳视运动，其深入程度及所追求之精度，皆已远远超出编制历谱之需，主要为研究交食预报服务。

"步月离第四"，共二十一节。因月运动远较日运动复杂，故节数篇幅亦远多于上章。此章专门研究月球运动，其目的与上章同，主要亦是为预报交食提供基础。

"步轨漏第五"，也有十四节之多。专研究与授时有关之各类问题。

"步交会第六"，多达二十四节。专门讨论日食、月食及与此有关之种种问题。

"步五星第七"，也多达二十四节。研究五大行星运动，篇幅繁多，其深入、细致程度及所用方法，皆已远过于《三统历》中的"五步"。

由对《三统历》与《大衍历》结构内容之观察，可知其主要部分为对日、月、五大行星运动规律之研究，其主要目的则在于提供预推此七大天体任意时刻位置之方法及公式，至于编制历谱，特其余事而已。这一结论对于古代中国历法而言，可以普遍成立。

第二节　历法的沿革

中国古代历法的主要研究内容是日、月及五大行星的运动规律。就此研究内容而言，称中国古代历法为中国古代数理天文学是恰当的。史籍所载中国古历前后约一百部，其中获得官方正式颁行的有五十余部。

各部历法在具体内容和治历方法上有承袭，也有变革，绵绵两千余年，作述不息。令人叹为观止。

要而言之，中国古代历法的中心课题可以归结为两个：原理和数据。原理是指日、月、五星运动规律在历法中得到的反映；数据是指历法对日、月、五星运动的数值描述。历法之疏与密主要从这两个方面表现出来。

根据原理和数据这两个要素，对中国古代历法作纵向考察，可以按时间顺序将中国古代历法分为大致四个阶段：一、两汉魏晋南北朝历法；二、隋唐两宋历法；三、元明历法；四、清代历法。

一、两汉魏晋南北朝历法

传说汉代以前有所谓的先秦古六历：《黄帝历》《颛顼历》《夏历》《殷历》《周历》和《鲁历》。然而对此古六历的真伪，便是古人也早已怀疑。

《太初历》是中国古代有明文记载的第一部历法。修《太初历》时召集了当时民间、官方精通历算之士，并采取了一系列改进措施，故《太初历》比旧历先进。

西汉末刘歆作《三统历》，班固称其"推法密要"（《汉书·律历志》），而后世刘宋何承天等对《三统历》评价却甚低（《宋书·律历志》）。现在一般认为《三统历》是刘歆发展《太初历》的结果。刘歆后做王莽国师，故《三统历》未经行用。

至东汉，《太初历》误差积累已达一日，改历势在必行。元和二年（85），东汉《四分历》施行，然围绕该历争论不息。议者认为，《四分历》虽然改正了《太初历》错误的冬至点位置，但它不知日月实循黄道而行，又不知月行有迟疾，即"一月移故所疾处三度"（《续汉书·律历志》）的规律。由此议可知《四分历》虽然在数据上有所改进，但在原理上仍有缺陷。应该说此次改历是不尽如人意的。围绕《四分历》展开的历争，其剧烈程度在中国古代历法史上也属少见。

为了保持《四分历》的官历地位，采用修改历法中部分数据的办法使其勉强能进行天象预报。在对《四分历》的反复修改过程中，最后孕育出刘洪的《乾象历》。刘洪认为《四分历》疏阔的主要原因是斗分太多，即回归年长度太大，他更改斗分，改冬至点在斗二十二度，制成《乾象历》。《乾象历》中最引人注意的改革是考虑了“月行迟速”，即月亮视运动的不均匀性；同时明确了“日行黄道”。这样《乾象历》在数据（斗分、冬至点位置）和原理（日、月视运动规律）两方面均有了明显的改进，所以刘洪《乾象历》在很长一段时期内成为最优秀的历法。但是历法之被颁用与否与许多政治因素有关，历法本身精密与否倒成了次要原因。《乾象历》当时虽未正式颁行，但曹魏之《景初历》、晋之《泰始历》等都采用了《乾象历》中的先进方法。三国吴施行《乾象历》。《晋书·律历志》收录《乾象历》术文，并称“洪术为后代推步之师表”。

南朝历法值得一提的有何承天的《元嘉历》和祖冲之的《大明历》。《元嘉历》的改革有：（1）以月食定冬至日在斗十七度；（2）以土圭测影知当时冬至与《景初历》冬至已差三天；（3）改平朔为定朔，使日食恒在朔，月食恒在望。前二项是天文数据的改进，为官方天文机构的代表钱乐之（太史令）和严粲（太史丞）所肯定；后一项是原理上的改革，采用它后“月有频三大频二小，比旧法殊为异”（《宋书·历志》），因此遭到钱乐之、严粲等官方天学家的反对。颁行的《元嘉历》中放弃了定朔的改革，这样《元嘉历》的先进性只表现在其数据乃实测而得这一点上。

如果历法原理不完善，仅靠实测的数据是不够的。《元嘉历》行用不久后也发生偏差。祖冲之因此提出改革历法，造《大明历》，提出修改意见两条，创意三条。其实所谓创意三条都是针对上元而设的，在今天看来没有多少科学意义。修改意见第一条为改 19 年 7 闰为 391 年 144 闰；第二条为改旧法令冬至点有定处的做法，令冬至所在，岁岁微差。

第一条其实是以一个新的闰周代替了一个旧的闰周，有利于提高历法的精确性，可以认为是数据方面的一个改进。第二条在祖冲之看来虽然好像只是一个假设，但与真实情形已相当接近。事实上，冬至点确实时刻都在变化。因此祖冲之第二条修改意见是原理上的一次改革，是认识水平上的一次质变。无奈祖冲之之法为宠臣戴法兴所阻，竟不得施行于当朝。

北朝诸历无甚特出者。值得注意的是北齐张子信的发现：太阳和行星运动的不均匀性。

二、隋唐两宋历法

隋文帝杨坚篡北周称帝后，急于表明其政权的正统性，颁正朔于天下，采用道士张宾所进献之《开皇历》。《开皇历》其实是依南朝何承天之法，微加增损而已。该历行用后，刘孝孙、刘焯并称其失，上书指斥张宾历法谬误。结果刘孝孙、刘焯分别被反控“非毁天历，率意迂怪”，“妄相扶证，惑乱时人”(《隋书·律历志》)，二人皆被斥罢。但事情并未就此结束，隋代历争仅仅拉开了序幕。此后张宾、刘晖、刘孝孙、刘焯、袁充、张胄玄等人纷纷粉墨登场。历争大致分两个阶段，前一阶段是刘孝孙、刘焯与张宾、刘晖之争。前者在历法上为先进的一方，但在历争中处于劣势。后来隋文帝有意改历，刘孝孙提出必先斩刘晖才可定历，这使得隋文帝龙颜不悦，二刘最后一线胜机也丢失。后一阶段是刘焯与张胄玄、袁充之争。前者同样拥有先进的历法（《皇极历》）却处于劣势。

刘焯《皇极历》在当时未被采纳，但被时人称为精密。《皇极历》根据张子信发现的太阳周年视运动不均匀性（日行盈缩），于平气之外，还用定气；并依据何承天的主张采用定朔；又采纳祖冲之的岁差法；还运用先进的数学手段（内插法）解决考虑月行迟速和日行盈缩之后带来的计算问题。所有这些先进的原理和方法的运用使得《皇极历》成为一部具有里程碑意义的历法。

唐初傅仁均《戊寅历》和李淳风《麟德历》虽然也行用一时，但它们的成就均不出隋朝刘焯《皇极历》的范围。直至一行《大衍历》，形势才为之一变。当时《麟德历》差天已多。为制新历，朝廷命梁令瓒造黄道游仪，进行编历所需的各种数据的实测。又命南宫说在全国范围内测定各地北极高度和晷影。两人的最新实测数据被一行采纳到《大衍历》中。另外，一行作为中国古代著名的天学家，对天体运行规律也有超越古人的认识。他首先正确理解了张子信发现的日行盈缩现象；他的月行九道术和交食推算法也有独到之处；在计算技巧方面，一行首先使用了不等间距的内插公式，使计算结果更为精确。所有这些重大革新，使《大衍历》成为中国古代历法史上冠绝一时的好历。

一行之后，唐代诸历大致不出《大衍历》模式。《宣明历》是其中较优秀者，始悟日食有三差，即时差、气差和刻差，并采用较精确的近点月数值。另外《崇玄历》的作者边冈善算，简化了前代复杂的内插公式。总而言之，《大衍历》之后诸历在计算方法和数据方面比前代有所进步，然而在原理方面无重大突破。

唐代历法另一新气象是印度历法与官方历法在官方天学机构中被相参使用，至于印度历法对中国古代历法的影响程度如何，还是个值得进一步探讨的问题，

两宋王朝行用之历法共有十九部之多，然均无重大突破。计算方法大都仿照唐历，数据有所改进而已。

三、元明历法

《大衍历》之后，元代郭守敬等人的《授时历》成为中国历法史上另一座高峰。经过刘洪、何承天、祖冲之、张子信、刘焯、一行等前后数百年的努力，历士所反映的天体运动规律，即治历的基本原理已被古代天学家们大致掌握（在中国古代，对历法原理的理解和描述是代数式

的)，欲使历法有所改进，唯有在数据和处理数据的方法上下功夫，《授时历》便是在这方面作出努力并获得成功的典范。

《授时历》之制，依据晷影，全凭实测。此举打破古来治历旧习，开创后世新法之源。据郭守敬称，《授时历》所考正者有七事，创法有五事，皆为前人所无。考正七事为冬至、岁余、日躔、月离、入交、二十八宿距度和日出、入昼夜刻。创法五事为:(1)用立招差，求每日太阳盈缩初末极差;(2)用垛垒招差，求月行转分进退及迟疾度数;(3)用勾股弧矢之法，求黄赤道差;(4)用圆容方直接勾股之法，求黄道去极度;(5)用立浑比量，求白赤道正交与黄赤道正交之距限。所创五法为处理实测数据提供了更加可靠的技术手段。其中招差法之创被誉为一项具有世界意义的伟大成就。

有明一代，共二百七十七年而遵用《大统历》未改。《大统历》之天文数据和推步方法，依《授时历》。明初，天文有厉禁，并规定钦天监人员只许世代承袭，不得习学他业。以致多数人员不学无术，不知推步。《大统历》行用后预报日月食屡不验。监内人员无可奈何，监外有识之士提请改历的建议屡被驳回。

万历年间，传教士西来，传入西洋天文学。徐光启等首倡引进西法，崇祯年间，他主持历局，与传教士们编译西方天文学著作，成《崇祯历书》一百三十余卷。无奈王朝末世，大厦将倾，新法未及行用而明亡。

四、清代历法

皇太极政权在入关前，就采用明朝的官方历法《大统历》编制历书，以满、汉、蒙三种文字颁发各族臣属。顺治元年(1644)，清兵入关后，传教士汤若望将明朝未及行用的《崇祯历书》献给清廷。摄政王多尔衮遂任命汤若望为钦天监负责人，拉开了清代传教士任职钦天监的序幕。

汤若望将《崇祯历书》删改制成《西洋新法历书》一百零三卷。清政府采用其法造历颁行，称为《时宪历》。《时宪历》所用原理和数据，全部依照第谷的地心行星体系和他所测定的天文数据。《时宪历》还首次采用定气注历。

乾隆七年（1742），清廷重修《时宪历》，称为《癸卯元历》。《癸卯元历》放弃了小轮体系，改用地心系的椭圆运动定律和面积定律，考虑了视差、蒙气差的影响。《癸卯元历》行用至清亡。清廷入关后二百六十余年所用之历法，全源于西方天文学。中国现代知识体系各学科之西化，自天文学始。

第三节　历法的性质与功能

一、历法主要功能并非为农业服务

认为古代中国历法"为农业服务"的说法，近代曾经长期广泛流传，几至众口一词，毫无疑问。兹再引述一则有国际影响的说法为例：

> 对于农业经济来说，作为历法准则的天文学知识具有首要的意义。谁能把历法授予人民，他便有可能成为人民的领袖。……这一点对于在很大程度上依靠人工灌溉的农业经济来说，尤为千真万确。[①]

这样的说法初听起来似乎颇有道理，但实际上很难经得起推敲。问题首先就出在对历法内容的想当然的假定上——想当然地将古代的历法与今天的月份牌混为一谈。月份牌（历谱）上有着日期和季节、节气，而农民播种、收割是要按照时令的，所以历法是为农业服务的。理论上的逻辑似乎就是这么简单。

---

① 陈遵妫：《中国天文学史》，上海人民出版社，1983年，第1394页。

然而，传统历法的内容既已如本章第一节所述，则讨论历法与农业之关系已有了合理的基础。历法是研究日、月、五星七大天体之运行规律及其预推之法的，故只需考察此七大天体与农业之关系，问题即可明白。

先看月球与行星，这两类天体的运行情况与农业生产有无关系？如果这里的"关系"是指物质世界中确实存在的，或者说是物理的联系，那显然迄今为止还只能做出完全否定的答案。如果说在未来某一天人类科学知识的高度发展或许会发现其间有联系，那么以古代的知识水平而论，当然不可能发现这种联系。除非在古代星占学理论中，人们才能找到行星与农业之间的虚幻关系，不妨举一例如下，《开元占经》卷二十引石氏云：

> 太白与岁星合于一舍，……岁星出左，有年；出右，无年。合之日以知五谷之有无。

但这种联系，显然不是现代"历法为农业服务"说主张者所愿意引以为据的，可以置之不论。

再看七大天体中余下的一个——太阳与农业生产的关系如何？两者之间确实有关系，但是，古代历法中研究太阳运动的部分与农业生产的关系，仍大有作进一步讨论的必要。以下将分为五个方面论述。

中国是农业古国，因此"历法为农业服务""天文历法起源于农业生产的需要"之类的说法听起来似乎颇为顺理成章，然而从迄今所知的史料证据来看，关于太阳运动的研究恰恰在古代中国历法诸成分中发展得极为迟缓。例如，早在古希腊时代，希腊天文学家就已能以太阳运动表作为基准，借助月球作中介来测定恒星坐标，而中国在十几个世纪之后，却还要以恒星为基准，借助月球和行星作中介来测定太阳位置。又如，与古代巴比伦相比，中国对太阳周年视运动不均匀性的掌握可能迟了一千年以上。值得注意的是，中国在月运动和行星运动理论方面的发展却不那么迟缓。仅仅这一情况，就已对“历法为农业服务”说构成了严重威胁。此其一。

古代历法中唯一与农业生产有关的部分是对二十四节气的推求，这是根据太阳在黄道上的周年视运动而来。完整的二十四节气名称，迄今所知最早见于西汉初年的《淮南子·天文训》，其中部分名称则已见于先秦典籍。但何时出现某些节气名称，并不足以证明此时对太阳运动已能很好掌握。而在秦汉时代，农业生产早已发生并进行了好几千年之久了——中国的农业生产早在新石器时代早期就已达相当水准，那时当然不存在历法。

有的学者指出：有了节气之后，“各种生物、气候现象都可以用节气作标准，它们的发生、活动等时间就有了相对的固定”①，但反过来不难设想，根据生物、气候现象同样可以大致确定某些节气。现今所见二十四节气名称中，有二十个直接与季节、气候及物候有关，正强烈暗示了这一点。无论如何，太阳周年视运动是一个相当复杂、抽象的概念，即使到了今天，也还只有少数与天文学有关的学者能够完全弄明白。清儒顾炎武虽有“三代以上，人人知天文”的著名说法，但他所举的例证都只是星名而已，况且妇人小儿即使嘴里会吟诵某一星名，并不等于他们能在星空中将其指认，至于太阳周年视运动这样的抽象概念，自然更毋论矣。专职的司天巫觋们当然掌握着比妇人小儿们远为高深的天学知识，但他们的知识也必须有足够的时间（以千百年计）来积累，不能靠“天启”而得。而另一方面，初民们直接观察物候，显然要容易得多，这对巫觋或妇人小儿都不例外。在传世的历法中，逢列有二十四节气表时，常将“七十二候”与之对应，附于每节气之下，比如《大衍历》中就是如此。这也暗示了二十四节气的来源与先民观察物候大有关系。此其二。

二十四节气体系成立之后，固然有指导农时的作用，但对节气推求

① 整研组编：《中国天文学史》，科学出版社，1981年，第94页。

之精益求精，则又与农业无关了。古人开始时将一年的时间作二十四等分，每一份即为一个节气，称为“平气”；后知如此处理并不能准确反映太阳周年运动——此种运动有不均匀性，乃改将天球黄道作二十四等分，太阳每行过一份之弧，即为一节气，因太阳运行并非匀速，故每一节气的时间也就有参差，不再如“平气”时之为常数了，此谓之“定气”。但指导农时对节气的精度要求并不高，精确到一天之内已经完全够用。事实上，即使只依靠观察物候，也已可以大体解决对农时的指导，故“定气”对指导农时来说意义已经不大，至于将节气推求到几分几秒的精度，那对农业来说更是毫无意义。此其三。

自隋代刘焯提出“定气”，此后一千年间的历法皆用“定气”推求太阳运动，却仍用“平气”排历谱，这一事实又一次有力说明精密推求节气与农业无关。节气对农时的指导作用，当然必须通过历谱来实现，历学家在“定气”之法出现之后仍不用以注历，说明日常生活（包括农人种地）中无此必要。此其四。

西汉初年出现了完整的二十四节气体系（姑认为全部名称的出现标志着该体系的形成），隋代又将节气推求之法发展到“定气”，至清初用“定气”注历，使一般民众对节气的了解更臻精确，但是迄今为止，研究中国古代农业史的专家们却从未发现汉、隋或清代的农业生产有过任何因历法发展而呈现的飞跃。这也说明“历法为农业服务”之说中，即令是真有其事的二十四节气部分，以往对其作用也在很大程度上言过其实了。此其五。

综上所述，情况已非常明白：古代中国历法中对月运动、行星运动的大量研究与农业完全无关；对太阳运动的研究，与农业生产的关系也极其有限。古人对日运动之深入研讨，目的在于精确推算和预报交食——这是古代中国大多数历法中最受重视的部分。因为一部历法的精确程度，往往通过预推交食来加以检验；而交食（尤其是日食）的星占学意义在各种天象中也是极为重要的。

前已谈及的著名历法《大衍历》，共七章 103 节，其中与编排历谱有关的内容不过 5%；如果说“历法为农业服务”之说还有正确成分的话，那这种正确成分所占的比例也就是 5%而已。

“历法为农业服务”这一观点虽然多年被视为天经地义，但论述此说的学者们始终只能在中国浩如烟海的古籍中找到一句话作为证据，即所谓“观象授时”。对这样一个重要问题的论断只能靠如此一句话来支撑，已经够虚弱了；更何况对这句话的理解也大成问题，因而根本无法成为“历法为农业服务”说的证据。

“观象授时”语出《尚书 · 尧典》：“历象日月星辰，敬授人（民）时。”

长期以来，“敬授人时”一直被想当然地解释成“安排农事活动”，于是成为“历法为农业服务”的证据。但是，这样的解释有什么根据呢？却从未见有指出者。通观《尚书 · 尧典》全篇，无任何一语言及农业生产，因此将“敬授人时”解释为“安排农事”，至少在上下文中就完全没有根据。再退一步看，整部《尚书》中有没有哪一篇讨论了农业生产或农事安排呢？也没有。《尚书》是一部上古政治文献集，讲的都是天命转移、立国为政之事，农事安排之类的事务根本就不在这一层次之中，自然不会在其中被提及。因此将“敬授人时”解释为“安排农事”，也无法与《尚书》所呈现之背景氛围相吻合。

所谓“敬授人时”，正确的理解应是“人事之时”，即安排重大事务日程表。在古代，统治阶级最重要的“人事”是宗教、政治活动，农事安排纵然在“万机”之中有一席位置，也无论如何不可能重要到凌驾于一切别的事务之上，以致可以成为“人时”的代表或代名词。为了说明古代统治者们的“人时”之大致情况，以及此“人时”何以需要历法知识来加以“敬授”，可于古籍中引述两则有代表性的材料以考察之。

第一则见于《礼记 · 月令》。《礼记 · 月令》逐月记载着天子一年之中应该按时参加的活动及下令进行的活动。从形式上看，可能稍有理想化色彩，未必完全是古代情形的实录，但类似的“人时”记载也见于《吕氏春秋》十二纪以及《淮南子·时则训》等古籍中，故至少仍可代表秦汉时代流行的看法。为省篇幅，下面仅录出这些活动中最重要的那部分——天子亲自参加者：

孟春立春之日，天子亲帅三公九卿诸侯大夫以迎春于东郊。

天子乃以元日祈谷于上帝。

仲春玄鸟至之日，以太牢祠于高禖，天子亲往。

天子乃鲜羔开冰，先荐寝庙。

上丁，命乐正习舞，释菜，天子乃帅三公九卿诸侯大夫亲往视之。

季春天子乃荐鞠衣于先帝、荐鲔于寝庙。

天子为谷祈实。

择吉日大合乐，天子乃帅三公九卿诸侯大夫亲往视之。

孟夏立夏之日，天子亲帅三公九卿大夫以迎夏于南郊。

天子乃以彘尝麦，先荐寝庙。

天子饮酎，用礼乐。

仲夏天子乃以雏尝黍，羞以含桃，先荐寝庙。

季夏无。

孟秋立秋之日，天子亲帅三公九卿诸侯大夫以迎秋于西郊。

天子尝新，先荐寝庙。

仲秋天子以犬尝麻，先荐寝庙。

季秋天子乃厉饰执弓挟矢以猎。

天子乃以犬尝稻，先荐寝庙。

孟冬立冬之日，天子亲帅三公九卿大夫以迎冬于北郊。

天子乃祈来年于天宗。

仲冬无。

季冬天子亲往,乃尝鱼,先荐寝庙。

天子乃与公卿大夫共饬国典,论时令,以待来岁之宜。

严格地说,“农事安排”在上面所列的事务中并无地位。“为谷祈实”“尝黍”“尝稻”之类,虽然可以说在概念上和农业沾了一点边,但显然绝不能等同于“农事安排”。

在古代统治者的“人时”中,祭祀是一项极重要的事务,且与日期有密切关系,确实需要用到历法知识(不止于历谱)。对此可引《钦定协纪辨方书》卷十二所列皇家祭祀项目及日期为例。这是清代的情形,但与前代相比,并无很大不同,取此为例,不过因其较为详尽,且已经过整理并为“钦定”,比较真实可靠而已。全部项目如下:

正月上辛日:祈谷于上帝。

冬至:大祀天于圜丘。

夏至:大祀地于方泽。

春分卯时:祭大明于朝日坛。

秋分酉时:祭夜明于夕月坛。

四孟月朔时:享太庙。

孟春月朔日:祭太岁、月将之神。

岁暮:祫祭太庙,祭太岁、月将之神。

仲春、仲秋上丁日:祭先师孔子。

仲春、仲秋上戊日:祭社稷坛。

仲春、仲秋择日:祭关帝庙、黑龙潭龙神、昭忠寺、定南武庄王、恪禧公,勤襄公、文襄公、贤良祠。

仲春、仲冬上甲日:祭三皇庙。

季春巳日:祭先蚕祠。

季春亥日:祭先农坛。

清明霜降前：祭历代帝王庙。

六月二十三日：祭火神庙。

季秋择日：祭都城隍庙。

大部分祭祀项目都规定了明确日期，这当然要按照历谱；有几项是“择日”，未定具体哪一天，则更需要用到“选择”之术。

上引两则材料，实际上可以说已为“观象授时”的真义作了相当形象，同时也相当准确的注解。

除了上述较为具体的层面之外，“敬授人时”还有另一层面，即所谓“为政顺乎四时”，亦即司马谈所论阴阳家的“序四时之大顺”。这类说法较早见于《礼记·月令》、《吕氏春秋》十二纪、《淮南子·时则训》等篇中，三者文字大同小异，姑引《吕氏春秋》卷一孟春为例：

孟春行夏令则风雨不时，草木旱槁，国乃有恐；行秋令则民大疫，疾风暴雨数至，藜莠蓬蒿并兴；行冬令则水潦为败，霜雪大挚，首种不入。

一年十二月，每月皆有类似说法。对于此种说法的含义，高诱注云：

春，木也，夏，火也。木德用事，法当宽仁，而行火令，火性炎上，故使草木槁落，不待秋冬，故曰天气不和，国人惶恐也。

木仁，金杀而行其令，气不和，故民疫病也。金生水，与水相干，故风雨数至，荒秽滋生，是以藜莠蓬蒿并兴。

春阳，冬阴也而行其令，阴乘阳故水潦为败，雪霜大挚，伤害五谷。春为岁始，稼穑应之不成熟也，故曰“首种不入”。

依五行立说，其理论不难理解。但四时之令究竟何指，高诱并未详说，因为这种观念在汉代广泛流行，高诱显然认为是众所周知，无烦多讲。对此可举董仲舒之言以说明之。《春秋繁露》卷十三"四时之副"云：

> 天之道，春暖以生，夏暑以养，秋清以杀，冬寒以藏。……圣人副天之所行以为政，故以庆副暖而当春，以赏副暑而当夏，以罚副清而当秋，以刑副寒而当冬。庆赏罚刑，异事而同功，皆王者之所以成德也。庆赏罚刑与春夏秋冬以类相应也，如合符，故曰王者配天。……四政者，不可以易处也，犹四时不可易处也。故庆赏罚刑有不行于其正处者，《春秋》讥也。

又同书卷十二"阴阳义"云：

> 天人一也，……与天同者大治，与天异者大乱。故为人主之道，莫明于在身之与天同者而用之，使喜怒必当义乃出，如寒暑之必当其时乃发也。

所谓"当义乃出"，义作"合时"讲。天时之寒暑与人主之喜怒，在董仲舒笔下是密切对应的，故为人主者不可"喜怒无常"，否则政令不当，国家就要陷于混乱。同书卷十一"天容"云：

> 人主有喜怒不可以不时。可亦为时，时亦为义。喜怒以类合，其理一也。故义不义者，时之合类也。而喜怒乃寒暑之别气也。

所有这类说法，通常都强调政令与寒暑季节的对应，而这仍属"敬授人时”的范畴。

综上所述，所谓“观象授时”或“敬授人时”，其本义绝不是指“安排农事”，而是指依据历法知识，安排统治阶级的重大政治事务日程。至于将“观象授时”引作“历法为农业服务”之说的证据，实际上可以说是因为后者已成先入之见，由此造成对前者的误解，再将此已被误解之前者引为后者的证据。这事实上落入循环论证。

二、历法与星占

古代中国历法致力于研究日、月和五大行星的运动规律，远远超出了编制历谱历书的需要，而且其中绝大部分内容与农业无关，俱如上述。这样就产生一个重大问题：历法究竟有什么用途？

这个问题对于“历法为农业服务”说的主张者而言，似乎是不存在的。但有些天文学史专家已经隐约感觉到“为农业服务”尚不足以解释历法的用途，于是试图提出一些别的解释，例如：

> 我国古代的历法还包含更丰富的天文学内容，例如，有关日、月食和五大行星运动的推算等。这些天象的推算不但是由于我国古代对天文学的重视，而且也是由于它们是验证历法准确性的一个重要手段。……从一定程度上来说，我国古代的编历工作，可以说是一种编算天文年历的工作。[1]

上面这段论述提出的解释有两条：一、中国古代重视天文学；二、历法推算七政运行是由于七政运行是验证历法准确性的重要手段。然而不难发现，这两条解释都是极为勉强的，实际上并不能有效解释历法的用途。“重视天文学”是一个非常重大的断言（assertion），它首先需要做大量社会学和文化史的论证才能成立，而这些论证比解释历法用途这一问题处

---

① 整研组编：《中国天文学史》，科学出版社，1981年，第94页。

在更广泛的层次上，应该是解释了历法用途之后的后续问题。第二条解释虽然从纯逻辑的角度看是可通的，但显然已离题：历法有某某内容是因为这些内容可用以验证历法，这并未超出历法自身；换言之，历法之所以有推算七政的内容，是因这些内容是历法自身所需，这实际上已经离开了历法的用途问题。

面对历法的用途问题，理论上有两种选择：

第一种，承认历法没有什么用途，或者说没有什么服务对象，仅仅出自探索自然奥秘的好奇心。这种情况在古代希腊科学及现代科学中固然极为常见，但在古代中国却迄今未发现类似的传统，同时在史料上也找不到支持这种选择的证据。相反，学者们倒是早就注意到古代中国各种知识的强烈的致用性。

第二种，承认历法有实际用途，或者说有一个服务对象。如果找到了这样的对象，自然也就否定了前一种选择，这类似于数学上的"存在性证明"。

事实上的确存在着这样一个服务对象。

古代中国历法全力研究日、月、五大行星这七个天体的运行规律，最根本的目的可归结为如下两项：推算、预报交食（日食、月食）；推算、预报行星运动。

以下先考察古代对交食和行星运动两类天象之重视，次略述古代中国经典星占学理论中这两类天象意义之重大，最后结合史事实例说明推算交食及行星运动对于星占活动之必不可少，由此揭示历法为星占服务这一历史事实，从而对历法的用途问题做出合理解答。

古人重视交食天象，最著名的例证之一见于《尚书·胤征》所载：

> 惟时羲和颠覆厥德，沈乱于酒，畔官离次，俶扰天纪，遐弃厥司。乃季秋月朔，辰弗集于房，瞽奏鼓、啬夫驰、庶人走，羲和尸厥官，罔闻知，昏迷于天象，以干先王之诛。政典曰：先时者杀无赦，

不及时者杀无赦，今予以尔有众奉将天罚……

此即著名的“《书经》日食”事件。关于《胤征》篇的年代以及这次日食的真实性，历来多有争论。很多学者欲以现代天文学手段回推此次日食来作验证，也因不确定因素太多而无法定论。但对于由此事来讨论古代对日食之预报而言，上面这些问题显然无关紧要。羲、和因沉湎于酒，未能对一次日食做出预报，这一失职行为竟有杀身之罪！况且还援引古之政典，有“先时者杀无赦，不及时者杀无赦”之语，若古时真有此典（预报日食发生之时太早或太迟——即使以天为单位——也要“杀无赦”），未免十分可怕。虽然从后代有关史实来看，这两句话大致是言过其实的，但古人对日食的重视，却毫无疑问。

如认为“《书经》日食”属于传说时代，尚难信据，则还可举较后的史事为例。比如《汉书》卷四《文帝纪》所载汉文帝“日食求言诏”云：

朕闻之，天生民，为之置君以养治之。人主不德，布政不均，则天示之灾以戒不治。乃十一月晦，日有食之，適见于天，灾孰大焉！朕获保宗庙，以微眇之身托于士民君王之上，天下治乱，在予一人，唯二三执政犹吾股肱也。朕下不能治育群生，上以累三光之明，其不德大矣。令至，其悉思朕之过失，及知见之所不及，匄以启告朕。

“文景之治”已是后人经常称道的楷模，汉文帝相信日食是上天对他政治还不够修明所呈示的警告，因此诏请天下臣民对自己进行批评，指出缺点过失。古人将日食视为上天的示警，这一观念在古代中国普遍为人们所接受。所谓示警，意指呈示凶兆，如不及时抢救（挽救之法下文即将论及），则种种灾祸将随后发生，作为上天对人间政治黑暗的惩罚。

以下姑引述经典星占文献中有关材料若干则为例:

日为太阳之精,主生养恩德,人君之象也。……日蚀,阴侵阳,臣掩君之象,有亡国。(《晋书》卷十二《天文志中》)

(日食)又为臣下蔽上之象,人君当慎防权臣内戚在左右擅威者。(《乙巳占》卷一《日蚀占》)

凡薄蚀者,人君诛之不以理,贼臣渐举兵而起。……其分君凶,不出三年。(《乙巳占》卷一《日蚀占》)

无道之国,日月过之而薄蚀,兵之所攻,国家坏亡,必有丧祸。(《乙巳占》卷一《日蚀占》)

日蚀,必有亡国、死君之灾。(《乙巳占》卷一《日蚀占》)

人主自恣不循古,逆天暴物,祸起,则日蚀。(《开元占经》卷九引《春秋纬运斗枢》)

君喜怒无常,轻杀不辜,戮无罪,慢天地,忽鬼神,则日蚀。(《开元占经》卷九引《礼纬斗威仪》)

日蚀所宿,国主疾,贵人死。(《开元占经》卷九引《河图纬帝览嬉》)

日蚀之下有破国,大战,将军死,有贼兵。(《开元占经》卷九引《荆州占》)

类似的占辞极多，不必多引。需要指出的是，上述占辞中所反映的观念（以及所有星占学著作中所反映的类似观念），并非仅限于星占家、天学家或方术之士持有，而是广泛为古代中国的知识阶层所坚信。上引汉文帝求言诏即为例证之一。这种观念当然是深深植根于天人合一与天人感应的哲学之中的。

日食既为上天示警之凶兆，天子臣民自然不能束手以待，而是要采取挽救措施去“回转天心”。《史记》卷二十七《天官书》所言最能说明问题：

> 日变修德，月变省刑，星变结和。……太上修德，其次修政，其次修救，其次修禳，正下无之。

“修德”是最高境界，较为抽象；且不是朝夕之功，等到上天示警之后再去“修”就嫌迟了，《乙巳占》卷一《日蚀占》有云：

> 犹天灾见，有德之君，修德而无咎；暴乱之王，行酷而招灾。

可为“太上修德”作脚注。“其次修政”就较切实可行一些，汉文帝因日食而下诏求直言，可以归入此类。再其次的“修救”与“修禳”，才是为中人以下说法，有完全切实可行的规则可循。故每逢日食，古人的当务之急是进行禳救。在天子，有撤膳、撤乐、素服、斋戒等举动；在臣民，则更有极为隆重的仪式。而且，即使有昏君自居“有德”，他通常也不敢忽视这些举动和仪式——“正下无之”，连禳救也不修，那就坐等亡国，自己死于非命。

对于古人为日、月交食而举行的禳救仪式，如果不稍作考察，就无法真正理解古代的历法为何不惜花费如此之多的篇幅和精力去研究交食规律。为此引述有关史料若干则以分析之：

日有食之，天子不举，伐鼓于社；诸侯用币于社，伐鼓于朝，礼也。（《左传·昭公十七年》）

汉仪，每月旦，太史上其月历，有司侍郎尚书见读其令，奉行其正。朔前后二日，牵牛酒至社下以祭日。日有变，割羊以祠社，用救日变。执事者长冠，衣绛领袖缘中衣、绛袴袜以行礼，如故事。（《晋书》卷十九《礼志上》）

自晋受命，日月将交会，太史乃上合朔，尚书先事三日，宣摄内外戒严。挚虞《决疑》曰："凡救日蚀者，着赤帻，以助阳也。日将蚀，天子素服避正殿，内外严警。太史登灵台，伺候日变，便伐鼓于门。闻鼓音，侍臣皆着赤帻，带剑入侍。三台令史以上皆各持剑，立其户前。卫尉卿驱驰绕宫，伺察守备，周而复始。亦伐鼓于社，用周礼也。又以赤丝为绳以系社，祝史陈辞以责之。社，勾龙之神，天子之上公，故陈辞以责之。日复常，乃罢。"（《晋书》卷十九《礼志上》）

各府设阴阳学正术，州设典术，县设训术，……率阴阳生，主申报雨泽、救护日月诸务。（《续文献通考》卷六十）

由以上各条，特别是《晋书》所载可知，为日食而进行的禳救活动十分盛大隆重，而且不止京师如此，各地也要举行（当然简单一些）。这样的活动，如果等到日食在天上呈现时再组织进行是根本不可能的，所以必须预报，在日食发生之前三日就要开始准备和安排。考虑到地方上也要进行禳救活动（救护日月），这种预报很可能还要事先传达到各地。

至此，已不难理解古代历法为何要致力于精确预报交食，历法中"步交会"（以及为此服务的"步日躔""步月离"）部分的服务对象也已找到。由此还可从一个重要侧面体会到古代中国历法广泛的文化功能。

关于古人之预报日食，还可举一个较为生动的例子进一步说明之，事见《太平广记》卷七十六：

> 唐太史李淳风校新历，太阳合朔，当蚀既，于占不吉。太宗不悦曰："日或不食，卿将何以自处？"曰："如有不蚀，臣请死之。"及期，帝候于庭，谓淳风曰："吾放汝与妻子别之。"对曰："尚早。刻日指影于壁，至此则蚀。"如言而蚀，不差毫发。

上述虽为小说家言，不过用以说明预报日食在古人心目中何等事关重大，还是十分生动有力的。李淳风是唐代的传奇人物，他在唐太宗、高宗时任太史令，曾著《法象志》七卷，《晋书》及《隋书》的《天文志》《律历志》《五行志》也全出于李淳风之手。上面故事中所云"校新历"，指李淳风所造的《麟德历》。至于"如有不蚀，臣请死之"的说法，则显然是小说家的言过其实了。事实上，古人对于预报了日食而到时又未发生这种情况的反应，是大出于今人意想之外的。

这里附带谈一下月食。与日食相仿，月食也被视为上天示警的凶兆，只是不如日食那样严重而已。比如《乙巳占》卷二《月蚀占》云：

> 月蚀尽，光耀亡，君之殃。

> 月生三日而蚀，是谓大殃，国有丧。……十五日而蚀，国破，灭亡。

> 春蚀，岁恶，将死，有忧。夏蚀，大旱。秋蚀，兵起。冬蚀，其国有兵、丧。

又如同书卷二《月蚀占》“五星及列宿中外官占”云：

> 月在危蚀，不有崩丧，必有大臣薨，天下改服，刀剑之官忧，衣履金玉之人有黜。

类似占辞也有很多。

月食也有禳救之说，姑引几条记载为例：

> 鼓人掌教六鼓四金之音声。……救日月，则诏王鼓（郑注：救日月食王必亲击鼓者，声大异）。（《周礼·地官司徒》）

> 男教不修，阳事不得，適见于天，日为之食；妇顺不修，阴事不得，適见于天，月为之食。是故日食则天子素服而修六官之职，荡天下之阳事；月食则后素服而修六宫之职，荡天下之阴事。（《礼记·昏义》）

> 锣筛破了，鼓擂破了，谢天地早是明了。若还到底不明时，黑洞洞几时是了？（元代孔齐《至正直记》卷三载“无名氏咏月食小令”）

最后一条反映的是元朝地方上对月食的“救护”情形。总的来说，月食发生的频度较日食为高，推算也较日食容易不少，其星占学意义也不像日食那样凶险重大，故针对月食的禳救之举，也不像日食那样受重视而成为朝廷与天子的重大事务。

交食天象仅被视为上天示警的凶兆，古人在历法中大力推算交食主要是为了及时安排禳救活动。而五大行星运行状况的重要性则远远超过交食。作为上天所呈示的征兆，行星天象不仅仅是示警凶兆，在古代中国人心目中，行星天象对人间的许多重大事务有着直接的指导作用，它们确实能够左右政治、军事等的运作。古代中国的行星星占学，实在可以说是张光直“天是智识的源泉，因此通天的人是先知先觉的”之说最直接、最具体、最生动的例证。由此也就不难领悟古人何以会极端重视对行星运动进行描述与推算。兹略论如次。

先看行星天象直接左右古代军政大事。这类事例不胜枚举，窥一斑而见豹，此处仅引述汉代史事三则为例以考察之。第一事见《汉书》卷六十九《赵充国传》：

> (宣帝)以书敕让充国曰:“……已诏中郎将卬将胡越佽飞射士步兵二校,益将军兵。今五星出东方,中国大利,蛮夷大败。太白出高,用兵深入,敢战者吉,弗敢战者凶。将军急装,因天时,诛不义,万下必全,勿复有疑。”

此为西汉神爵元年（前61）事，赵充国奉命全权经略西羌军事，因他持重缓进，引起宣帝不满，故在为他增派援兵的同时，以敕书责备他贻误戎机，催他立刻进军。而催促进军的理由不是出于对双方情势的分析，却是“五星出东方”和“太白出高”两项天象，以及系于此天象的星占学理论。此次用兵西羌，兵力达数万人，当然不是小事，圣旨更不是戏言或秀才谈兵的闲话，如此军国大事，竟是由行星天象以及对应的行星星占学来指导。尽管赵充国后来本着“将在外，君命有所不受”的原则，仍坚持了缓进待机战略而最终获胜，但那是仗着自己是著名老臣，且宣帝一开始曾授予他全权之故。皇帝与朝臣“运筹庙堂之上”是常正，将领“抗旨”是权变，故此事的一般性与代表性并不会因赵充国的态度而稍损。

第二事是一次未遂的宫廷军事政变。中国古代学术史上最重要的人物之一刘歆就死于此次政变中。事见《汉书》卷九十九《王莽传下》：

先是，卫将军王涉素养道士西门君惠。君惠好天文谶记，为涉言："星孛扫宫室，刘氏当复兴，国师公姓名是也。"涉信其言，以语大司马董忠，数俱至国师殿中庐道语星宿，国师不应。后涉特往，对歆涕泣言："诚欲与公共安宗族，奈何不信涉也！"歆因为言天文人事，东方必成。涉曰："……如同心合谋，共劫持帝，东降南阳天子，可以全宗族；不者，俱夷灭矣！"伊休侯者，歆长子也，为侍中五官中郎将，莽素爱之。歆怨莽杀其三子，又畏大祸至，遂与涉、忠谋。欲发，歆曰："当待太白星出，乃可。"

此为新莽地皇四年（25）事，即王莽为帝之最后一年。那时王莽已穷途末路，众叛亲离，王涉、董忠及刘氏父子等人不愿为他殉葬，乃密谋以御林军劫持王莽本人，向绿林军投降。此事的发端，是西门君惠据彗星出现而说动王涉，决定向绿林军方面投降是依据刘歆"言天文人事，东方必成"，而到了箭在弦上之时，竟因刘歆"当待太白星出，乃可"的意见而拖延不发。不幸的是，恰恰因刘歆的这一意见，这次政变以惨败告终。由于未能及时动手，密谋泄露，王莽进行了镇压。董忠被杀，王涉、刘歆自杀。

一场刀光剑影的宫廷政变的结果，几位大人物的生死，就这样因金星恰巧运行到太阳附近（伏，金星被淹没在太阳的光芒之中）而决定了。今人或许会认为这只是由于王、董和刘氏父子的"迷信"，其实并不如此简单，刘歆是搞星占、谶纬的大家，他是明天道、知天命、掌握着上天知识源泉的"先知先觉"者，因此他的星占学预见和判断在当时极具权威性，连王莽都尊他为国师。意味深长的是，《汉书》的作者班固似乎也相信刘歆的星占学预言，在记述了上面这场未遂政变及其余波之后，他郑重其事地记下了这样一笔：

秋，太白星流入太微，烛地如月光。

这看来确实是王莽灭亡的征兆——该年十月三日，王莽便在渐台身首异处，并被绿林军乱刀分尸。

第三例为汉成帝时丞相翟方进因“荧惑守心”而被迫自杀之事，见《汉书》卷八十四《翟方进传》：

> 绥和二年春荧惑守心。寻奏记言：“应变之权，君侯所自明。……上无恻怛济世之功，下无推让避贤之效，欲当大位，为具臣以全身，难矣！大责日加，安得但保斥逐之戮？阖府三百余人，唯君侯择其中，与尽节转凶。”方进忧之，不知所出。会郎贲丽善为星，言大臣宜当之，上乃召见方进，还归，未及引决，上遂赐册曰：“皇帝问丞相：……惟君登位，于今十年，灾害并臻，民被饥饿，加以疾疫溺死，……朕诚怪君，何持容容之计，无忠固意，将何以辅朕，帅道群下？而欲久蒙显尊之位，岂不难哉！……”方进即日自杀。

此事与前述子韦对宋景公事，以及汉文帝日食求言诏有着同一文化意义；此处仅作为行星天象直接影响政治运作的例证加以考察。有趣的是，据台湾学者黄一农的研究，此次“荧惑守心”天象（火星在心宿发生“留”的现象）竟是伪造的！翟方进很可能是王莽集团走向权力顶峰途中的牺牲品之一。这一结论更增强了此事的说服力：伪造（即谎报）的“荧惑守心”天象竟能用来逼迫丞相自杀，则行星天象对古代军政大事之影响力更可想而知。

以上三例，表明了行星天象在客观上对古代政治、军事运作所发生的影响，至于古人在主观上如何重视行星天象所含的意义，则仍可从星占学文献中得到证明。关于古代中国的星占学，此处仅引录其中关于行星的综合性占辞及与上述三事例相对应者若干则如下，以见其一斑即可：

五星者，五行之精也，五帝之子，天之使者，行于列舍，以司无道之国。王者施恩布德，正直清虚，则五星顺度，出入应时，天下安宁，祸乱不生。人君无德，信奸佞，退忠良，远君子，近小人，则五星逆行、变色、出入不时、扬芒、角、怒；变为妖星、彗孛、……众妖所出，天下大乱，主死国灭，不可救也；余殃不尽，为饥、旱、疾、疫。(《开元占经》卷十八引《荆州占》)

五星若合，是谓易行。有德受庆，改立天子，乃奄有四方，子孙蕃昌。无德受罚，离其国家，灭其宗庙，百姓离家去满四方。(《开元占经》卷十九引《海中占》)

太白出高，用兵深入吉，浅入凶，先起胜。太白出下，浅入吉，深入凶，后起吉。(《乙巳占》卷六《太白占》)

荧惑为乱、为贼、为疾、为丧、为饥、为兵，所居之宿国受殃。(《汉书》卷二十六《天文志》)

五大行星各有一套吉凶含义，不独金、火而然。

行星天象既有重大的星占学意义，它们通过这种意义之深入人心，遂能对古代军国大事发生直接影响，能左右用兵方略，影响政变成败，乃至决定丞相的生死。那么接下来的问题是：人们只要夜观星象，观察各行星的运行，由此按星占学理论做出预言或判断即可，有什么必要预先推算行星的运动?

如仅从表面上看，预推似乎不是必要的，其实不然。仅仅“被动地”依据已见天象而进行星占学解释或预言，那只是平庸的星占家。真正的星占学大师，还必须掌握更高的技巧，以臻于古人所谓“运用之妙，存乎一心”的境界。为此可剖析一则著名事例以说明之，事见《魏书》

卷三十五《崔浩传》:

初,姚兴死之前岁也,太史奏:荧惑在匏瓜星中,一夜忽然亡失,不知所在。或谓下入危亡之国,将为童谣妖言,而后行其灾祸。太宗闻之,大惊,乃召诸硕儒十数人,令与史官求其所诣。浩对曰:“案《春秋左氏传》说神降于莘,其至之日,各以其物祭也。请以日辰推之,庚午之夕,辛未之朝,天有阴云,荧惑之亡,当在此二日内。庚之与未,皆主于秦,辛为西夷。今姚兴据咸阳,是荧惑入秦矣。”诸人皆作色曰:“天上失星,人安能知其所诣,而妄说无征之言。”浩笑而不应。后八十余日,荧惑果出于东井,留守盘游,秦中大旱赤地,昆明池水竭,童谣讹言,国内喧扰。明年,姚兴死,二子交兵,三年国灭。于是诸人皆服曰:“非所及也。”

为了完全理解此事的意义,先需解释两点技术性的细节,其一,据古代星占学中的分野理论,东井(即井宿)属鹑首之次,正是秦的分野;其二,火星出现于井宿,就其星占意义而言,正是后秦此后两年中种种事变的先兆。姑引三则星占占辞为例:

荧惑入东井,兵起,苦旱,其国乱。(《开元占经》卷三十四引石氏语)

荧惑入东井,留三十日以上,既去复还居之,若环绕成勾巳者,国君有忧,若重,有丧。(《开元占经》引《海中占》)

荧惑出入留舍东井,三十日不下,必有破国、死王。(《开元占经》引郗萌语)

在崔浩那次星占中，火星正是在东井“留守盘旋”（根据现代天文学的行星运动理论，发生这种现象并不奇怪），与《海中占》所述完全一样。结果是当年大旱，次年皇帝死，第三年（417），后秦被东晋攻灭，末帝姚泓被押送建康处死。

再回过头来看崔浩的预言，其中最令诸“硕儒”惊异的是，他能在火星看不见时预言其去向，而八十余日之后竟然真的应验。而其间的奥妙，实际上就在崔浩正确掌握了火星的运动规律。他知道火星当时正进入“伏”的阶段，即处在与太阳很接近的方向上，因此天黑后即没入地平线而无法看见；他又知道火星在这一阶段之后将运行至井宿区域，而井宿在分野上正对应秦。

当然崔浩的能事还不止于此。他除了掌握火星运动规律，并熟知星占学理论之外，还因“恒与军国大谋，甚为宠密”而了解到许多后秦政权的情况，而他的历史知识和社会经验又使他能够从这些情况中判断出，姚秦政权已到末日。他后来还曾根据彗星出现而成功地预言了刘裕篡晋，用的也是同样方法。

反观其余诸“硕儒”，他们与崔浩最关键的区别在于，他们对行星运动规律茫然无知。也就是说，他们不懂历法，因而他们无法预知火星出没的时间和位置。所以，即使他们也曾读过《海中占》或《郗萌占》之类的星占学著作，仍不可能作出任何高明的星占预言。

综上所述，崔浩这次著名星占预言有力地说明：一次成功的、高水平的星占，除了需要星占学理论、政治情报、历史经验、社会心理等知识之外，历法——其中最主要的部分是对日、月和五大行星运动的推算——也是必不可少的。特别是，行星星占学在中国星占学中是最重要的部分，这更加强了历法对星占学的作用。

崔浩之事并非孤立的事例，只是此事对于说明星占需要历法知识颇为生动有力而已。附带说一句，前引刘歆在政变计划中要“当待太白星出，乃可”，也不是被动地等待太白出现。刘歆也是历法大家，所编《三统历》是现今传世的最早的完整历法，其中正文第一章就是“五步”，他完全知道金星会在什么时候出现，也许他认为那时才是动手的适当时机，洽为南阳军队破城的前夜。王涉起先几次向他提出政变之事，他都“不应”，可以说明此点。

至此，古代中国历法中绝大部分内容——对交食和五大行星运动的推算——的服务对象已经找到。这对象正是古人经常将之与历法并称的星占学。也就是说，历法的用途问题已可获得一个明确答案：星占需要历法。

波斯哲人昂苏尔·玛阿里曾说：“天文的内容十分丰富。它对未来的预测总是正确无误的。……总之，学习天文的目的是预卜凶吉。研究历法也出于同一目的。”[①]所言古代东方世界历法的真义，最为显豁。

① 昂苏尔·玛阿里：《卡布斯教诲录》，张晖译，商务印书馆，1990 年，第 141—142 页。

第六章

颁历授时

第一节　皇朝颁历之权威象征

中国古代，大凡皇朝之初建，必确定历法，颁历臣属。即便是仅存金瓯一片的南明诸小朝廷，也会维持颁历传统，以示正朔在兹。这是由于颁历授时具有重要的象征意义：君主以颁历体现其治权，臣民接受历书、奉行正朔，意味着效忠并认同其统治。

以下将从谢赐历日表、颁历仪式，以及颁历藩属国三个方面对颁历授时的重要象征意义进行介绍。

一、谢赐历日表

颁历授时重要的象征意义体现，首先在于谢赐历日表这种特殊文体。

谢赐历日表起源于南梁，繁盛于唐宋。梁武帝萧衍，被认为是“专事衣冠礼乐，中原士大夫望之以为正朔所在”。南梁君臣文采风流，他们对于颁历授时活动的发展，是臣属在收到历日后撰文谢赐。如庾肩吾《谢历日启》：

凌渠所奏，弦望既符；邓平之言，锱铢皆合。登台视朔，睹云物之必书；拂管移灰，识权衡之有度。初开卷始，暂谓春留；未览终篇，便伤冬及。徘徊厚渥，比日为年。

梁简文帝萧纲《谢赐新历表》：

五司告肇，万寿载光，琯叶璧轮，庆休宝历。班和布政，悬阙徇道，式弘敬授之典，载阐浃辰之教。

璇籥环玑，凤司肇律，观斗辨气，玉琯移春，万福维新，克固天保。

沈约《谢赐新历表》：

窃惟观斗辨日，驭生为本，审时分地，稼政莫先，何则胜杀无舛，拘忌之理难忽，珠璧有征，礼节之原攸序。

王僧孺《谢历表》：

窃以龙驭不爽，靡见侵薄，凤职是司，曾无昃朓，璧联珠灿，轮映阶平，义实明时，事惟均政。固以先天候其余，始执杓验其平分，九瀛仰化，万寓依朔。

上述谢赐文字皆引经据典，歌颂皇帝上符天命、下顺民心，因此感谢其殊恩厚渥。这种君臣之间礼仪互动在后世进一步延续，使得皇朝通过颁历体现与臣民统治关系的象征意蕴愈加强固。唐朝皇帝常常将历日与年关日用品，如钟馗、面脂、口脂、面药等物同时赐下，张说《谢赐钟馗及历日表》、刘禹锡《为李中丞谢赐钟馗历日表》和《为淮南杜相公谢赐历日面脂口脂表》、邵说《谢赐新历日及口脂面药等表》等，都可以反映出这一现象。

有宋一代，谢赐历日的现象极为普遍，一些著名文学家，都留下了相关文字。如王安石《赐历日谢表》曰：

> 清台课历，肇明一岁之宜；列郡仰成，钦布四时之事。窥文切抃拜赐为荣。恭惟皇帝陛下，躬包历数，政顺玑衡，齐日月之照临，体乾坤之阖辟。考观新度，远存尧象之明；推步大端，犹得夏时之正。尽俯仰察观之理，概裁成辅相之宜，岁事备存，诏文偕下。先天诞告，间无杪忽之差；率土逢占，验若节符之合。敢不恭承睿旨，顺考时行，赞圣神化育之功，极天人和同之效。奉而行政，期不戾于阴阳；推以治人，庶克跻于富寿。

再如苏轼《谢赐历日表》曰：

> 迎日推策，虽曰百王之常；后天奉时，惟我二后之德。伏读诏旨，灼知圣心。伏以嗣岁将兴，旧章毕举。三朝受海内之图籍，《七月》陈王业之艰难。冬有祁寒，知民言之可畏；阳居大夏，识天道之至仁。故于颁朔之初，更下布新之诏，恭惟太皇太后陛下，视民如子，以国为家。振廪劝分，人自忘于艰岁，消兵去杀，天必报之丰年。臣敢不省事清心，贵农时之不夺；思患预备，期岁计之有余。

谢赐历日表文体在宋代发展达到鼎盛，《全宋文》中存世数量浩繁。

二、颁历仪式

（一）颁朔布政

明清时代，每年岁末都会在紫禁城举行隆重的颁历仪式，这在清代被称为“午门颁朔礼”，有着一系列环节和礼仪性程序。这一颁历仪式，实际上形成于明初洪武时期。

据早期经典，周代有明堂颁朔布政礼，帝王常于每年岁末向诸侯颁布次年政事，诸侯祭告祖庙，受而行之。不过，早期的颁朔不仅仅在于授时，而且还包括宣告下一年度的政事。北宋政和七年（1117），宋徽宗热衷礼制，也制定了明堂颁朔布政礼，据《宋史》记载其过程如下：

> 百官常服立明堂下，(帝)乘舆自内殿出，负斧扆坐明堂。大晟乐作，百官朝于堂下，大臣升阶进呈所颁布时令，左右丞一员跪请付外施行，宰相承制可之，左右丞乃下授颁政官，颁政官受而读之讫，出，合门奏礼毕。帝降坐，百官乃退。

宋徽宗时所定颁朔布政礼，是当时明堂礼制的一部分，其兴起迅速，却是昙花一现。徽宗禅位后，靖康元年（1126），钦宗诏罢颁朔布政。

（二）明开国之际的"进历仪"

元至正二十四年（1364），即（韩）宋龙凤十年，吴国公朱元璋自立为吴王。次年，吴王正式设立天文机构——太史监，迈出了争夺帝王"通天"特权的重要一步。龙凤十二年（1366），韩林儿死，朱氏政权借此自立，以明年为吴元年。其时成立新朝条件已成熟，吴王遂颁行律令，自建礼仪制度。

吴元年（1367），朱氏改太史监为太史院，又参照元制设置天文机构职官。颁历授时为国家统治之要政，也被提上议事日程。适时御史中丞刘基兼任太史院使，他与下属高翼编制出次年历日——《戊申岁大统历》。《大统历》之推算，基于元朝《授时历》术文基础，然新历已改换门面，又不用元朝年号纪年，这是新朝气象的体现。

朱氏集团为颁历授时之政设计了一套"进历仪"。

吴王政权之太史院与太常司共议礼仪，其考稽前朝典故曰："宋以每岁十月朔，明堂设仗，如朝会仪，受来岁新历，颁之郡县。"这是指前文提到的北宋明堂颁朔布政礼。

吴元年冬至前一日，即十一月二十二日，中书省臣同太史院使刘基觐见朱元璋，对仪式流程进行了介绍：

> 至日黎明，上御正殿，百官朝服，侍班执事者设奏案于丹墀之中，太史院官具公服，院使用盘袱捧历，从正门入，属官从西门入，院使以历置案上，与属官序立，皆再拜，院使捧历由东阶升，自殿东门入，至御前，跪进。上受历讫。院使兴，复位。皆再拜。礼毕，乃颁之中外。（《明太祖实录》卷二十七“吴元年十一月己未”）

次日，太史院使刘基进呈《戊申岁大统历》，君臣“如仪行之”。“进历仪”参照北宋“颁朔布政”礼，如朝会之仪，皇帝御殿，百官朝服陪班。进历礼毕，朝廷即“颁之中外”，中、外指向宫中、宫外，典礼举行于宫内，当是参与者皆获赐历日。

仪式结束后，吴王朱元璋召见刘基时提出：“古者以季冬颁来岁之历，似为太迟，今于冬至，亦为未宜，明年以后，皆以十月朔进。”在此之后，明廷进历、颁历时间几经变动，大致规律是：洪武初年为每年十月朔日，六年（1373）改九月朔，十三年（1380）又改回十月朔，至二十六年（1393）复改回九月朔，成祖登基后改为十一月朔日，至嘉靖十九年（1540）又改为十月朔。

（三）洪武后期确立的“颁历仪”

吴二年（1368）正月初四日，吴王朱元璋登基称帝，国号大明，建元洪武，旋即北伐元朝，攻克大都，平定天下，开创明朝基业。洪武一朝，国家趋于安定的同时，明廷正纪纲，谨法度，定服色，易风俗，不断修订各种礼仪制度，逐步形成了完备的体系。

洪武后期，明廷进一步发展颁历之礼，后世长期遵循，是为明清二代每岁末举行颁历仪式的原点，笔者称之为“洪武定制”。据《明太祖实录》记载此事缘由，洪武二十六年（1393）六月，太祖以“立国以来，几三十年，制度典章虽曰备具，然官制既多更定，而礼文屡有损益，故欲因繁就简，立为中制，以成一代令典”，乃命礼官与群臣同议，重定礼仪。内容具体包括：正旦朝会仪、中宫朝仪、东宫朝仪、大宴礼、进春礼、颁诰仪、开读诏赦仪、颁历仪等。较之早期制度，这些典仪过程更为繁复，场面更加恢宏壮阔。

又，明廷洪武二十六年（1393）三月刊行之《诸司职掌》，实际上是记载“颁历仪”的最早文献。今引述其成书过程如下：

> （洪武二十六年三月）庚午，《诸司职掌》成。先是，上以诸司职有崇卑，政有大小，无方册以著成法，恐后之（泣）[莅]官者罔知职任政事施设之详，乃命吏部同翰林儒臣仿《唐六典》之制，自五府六部都察院以下诸司，凡其设官分职之务，类编为书。至是始成，名曰《诸司职掌》。诏刊行颁布中外。（《明太祖实录》卷二二六“洪武二十六年三月庚午”）

据上可知，“洪武定制”是由吏部及翰林儒臣等先期商定，故其实际确立时间还可以进一步提前。

（四）“颁历仪”流程

明代颁历仪式，可以大致划分为九个环节：前期、就位、升座、进历、举案、排班、传制、颁历、退场。涉及人物，亦如“洪武初制”，有皇帝、朝臣、礼官、天文官四类。

（1）前期：礼仪布置安排。

礼仪之前，需要一系列准备工作，涉及尚宝司、教坊司、仪礼司等部门。

尚宝司在奉天殿内设置御座。

礼与乐紧密关联，合称礼乐。教坊司设《中和乐》，全称《中和韶乐》，洪武间所定，为明清二代大乐，一般用于祭祀、朝会及宴飨。殿内乐队演奏人员有："举麾奉銮一员、侍班韶舞一员、看节次色长二人、歌工十二人、乐工七十二人。"所用乐器有："麾一、箫十二、笙十二、排箫四、横笛十二、埙四、篪四、琴十、瑟四、编钟二、编磬二、应鼓二、柷一、敔一、抟拊二。"次日仪式举行时，教坊司据相应乐章演奏。

某些情况下，乐队不奏，仅作为摆设。如成化二十三年（1487）十一月朔，孝宗颁《弘治元年大统历》时，就曾"乐设而不作，百官常服行礼"，这是因为宪宗在该年八月驾崩，朝廷在居丧期间不便作乐。

仪礼司，洪武三十年（1397）改为鸿胪寺，而明代诸政典照录旧文，皆沿用原名。颁历仪式中，鸿胪寺主要负责高声鸣赞，引导进历官，抬举历案，维持秩序等，所派属官颇多：

掌礼堂上官一员；传制堂上官一员；内赞鸣赞一员；对赞鸣赞一员；通赞鸣赞四员；东西传赞序班各三员；引进历上殿官序班二员；设历案并举案序班四员；扶案序班一员；东西引进历官序班各二员；引外夷人员通事序班八员；殿内、丹陛、丹墀纠仪序班各二员；弘政门、宣治门纠仪并催人序班各二员；东西摆班序班各三员。

仪礼司前期设历案共三处：历案设于奉天殿丹陛中道，待进历时钦天监正从上面取御览历；御历案设于奉天殿内，放置御览历用；百官历案设于丹陛之下，数目较多。

（2）就位：官员各就其位。

该日黎明前，朝臣须抵达午门外。刘麟《颁朔待漏》诗云：

一统车书又纪年，蜡灯烧夜对风烟。番番月令迎新候，剪剪春风向晓天。玉律总颁皇帝朔，金莲尝赐近臣筵。共期膏泽为民下，莫漫心煎感岁迁。

百官清晨上朝，等待觐见天子，称为待漏。据诗推断，颁历之辰，文武官员各具朝服，五更时分抵达紫禁城外朝房待漏，盖如朝会例。

晨曦初开，鼓敲一下，朝臣们穿戴整齐，在午门外排班等候。鼓敲二下，就有引礼官引文武百官，包括钦天监进历官员，文左武右，从两掖门进入午门，又经弘正门、宣治门，入奉天门内，按职衔在御道东西侧排列，北向侍立。执事官、礼官如鸿胪寺，侍卫武官如金吾卫、锦衣卫等，当鼓敲三下时，他们须前往华盖殿朝见皇帝，行五拜三叩头礼，披甲带刀之人可免拜。职守官员前往华盖殿，朝拜皇帝后，传制、受历、侍从等官员，随皇帝入奉天殿各就其位。

按照明朝礼制惯例，仪式举行时，一般会有御史负责“监礼纠仪”，朝臣“若有失仪，听纠仪御史举劾”，“凡朝会行礼，敢有搀越班次、言语喧哗、有失礼仪，及不具服者”，御史“随即纠问”。

（3）升座：皇帝出场。

鸿胪寺堂上官奏请升殿，于是导驾官为前导，皇帝穿皮弁服起身而行，出华盖殿，在众多随员簇拥下进入奉天殿。这时，教坊司奏《中和韶乐》，皇帝升座，扇开帘卷，乐止。其后，鸣鞭三响，宣告仪式正式开始，全场肃静。

（4）进历：钦天监正进呈御览历。

引礼官引进历官，当指钦天监诸官生，这些人本侍立于百官序列。引至拜位后，赞礼唱“鞠躬”，乐起，诸官生皆四拜，平身，乐止。典仪唱“进历”，引礼官遂引钦天监正，自东阶登上丹陛。乐起，待监正行至丹陛中道历案前，赞“跪”，监正跪下，将所持笏插于腰带，取案上御览历，从奉天殿东门靠左进入殿中。此时，殿内赞唱“跪”，监正跪下，殿外亦赞唱“众官皆跪”，丹墀群臣皆跪下，乐止。监正置历于御览历案上，殿内赞唱道“出笏”，“俯伏、兴”，殿外亦赞唱“俯伏、兴”，监正出笏后，又跪拜，平身。殿内赞唱“复位”，引礼官引监正官由百官门出奉天殿。乐起，引礼官引监正下丹陛，至丹墀拜位，乐止。赞礼唱“鞠躬”，乐起，监正携属下皆四拜，平身，乐止，退回百官序列。

奉天殿进呈御览历后，钦天监正仍须前往文华殿，向储君进献东宫历，仪式过程大致如前进呈御览历仪式：

> 钦天监官捧历于左顺门，候奉天殿礼毕，由文华殿左门入，于殿东门外西向立，候升座。鸿胪官赞四拜，导引钦天监正官升至文华殿外，搢笏，捧历由东门入，至殿中，赞：“跪。”赞：“进历。”监正官启：“钦天监进某年《大统历》。”启讫，置于案，出笏，俯伏，兴，仍导引出，至拜位，赞四拜、兴，退立侍班。候百官排班、行礼毕。（《万历会典》卷一百三《东宫进历仪》）

《明实录》记载弘治朝皇太子进历事宜较详细，如：“弘治九年十一月甲辰朔，钦天监进《弘治十年大统历》，上御奉天殿受之，给赐文武群臣，颁行天下。钦天监官复诣文华殿，进历于皇太子。群臣行礼如仪。”皇太子朱厚照生于弘治四年（1491），时年不过五六岁，就开始受钦天监进献东宫历了。

嘉靖十八年（1539）又规定，钦天监官捧东宫历至文华殿左门，由司礼监官进历，不再行礼。

（5）举案：鸿胪寺官举百官历案。

前期已置百官历案，位于丹陛下。

鸿胪寺官“设历案并举案序班四员、扶案序班一员”，现将其抬至丹墀中道，这是为颁赐百官历日做准备。

（6）排班：百官排班。

鸣赞唱道“排班”，文武百官在御道两侧立候，排班整齐后，乐起，礼官赞“四拜”，百官皆四拜，平身后，乐止。

（7）传制：传制官传制颁历。

奉天殿内，传制官至御前，跪下，奏请传制。获准后，传制官下拜，平身，由殿东门靠左出，至丹陛东侧，自东向西站立，称“有制”。赞礼唱“跪”，众官皆跪下。

这时，传制官高声宣制曰：“钦天监进某年《大统历》，其赐百官，颁行天下！”赞礼唱：“俯伏，兴。”乐作，礼官赞“四拜”，百官皆四拜。按照惯例，这时应该还有山呼万岁的场面。平身后，乐止。

（8）颁历：颁赐百官历日。

赞礼唱道：“颁历。”

颁历官即取案上《大统历》，依次散发给百官。

（9）退场：皇帝、百官离场。

百官历日发放完毕后，当有鸣鞭三下，宣告仪式结束。

乐起，皇帝起身而行，在导驾官引导下到华盖殿，其后百官依次离开紫禁城，乐止。

上述对“洪武定制”流程的探索，大致反映出仪式的基本情况。明代二百余年历史中，仪式举行时间、地点或有变化，却长期持续，贯穿其统治之始终。其时间变化，前文已介绍。

地点变化，始于嘉靖十九年（1540）十月朔日，“钦天监进明年《大统历》，诏如上年例，于奉天门颁赐百官”。奉天门廊内正中处设有御座，称为“金台”，朝臣在奉天门外参拜受历。其后颁历遵循此例，如嘉靖二十二年（1543）十月朔，“钦天监奏进明年《大统历》……奉天门颁赐，百官公服，行五拜礼”。

及至嘉靖三十六年（1557）夏天，三大殿遭遇雷火，奉天门、文武楼、午门等处，也同时遭灾，外朝部分几乎被焚毁一空。嘉靖三十七年（1558），奉天门重建完成，更名曰大朝门。十月朔日颁历，“百官于大朝门行五拜三叩头礼”。

直到嘉靖四十一年（1562），朝廷才重修完成外朝部分，改奉天殿为皇极殿，原奉天门遂称为皇极门。世宗驾崩后，穆宗登基，恢复御殿颁历传统，如隆庆元年（1567）十月朔日，“钦天监进《二年大统历》，上御皇极殿受之，分赐文武群臣，颁行天下”……

明神宗首次颁历，为隆庆六年（1572）十月朔日，“上御皇极门，颁《万历元年大统历》”。而万历元年（1573）十月朔日，“上御皇极殿，颁大统历日”。御殿颁历传统持续到万历中期，皇帝又改换位置，如万历二十二年（1594）十月朔，皇帝“[御]皇极门，给赐百官《二十三年大统历》，颁行天下”。

万历二十五年（1597），紫禁城又遭大火，三大殿再度被焚，其修复，直到天启年间才彻底完成。在此期间，颁历仪一度改到文华殿或文华门进行。如万历二十八年（1600）十月朔日，“钦天监进《万历二十九年大统历》，于文华门给赐百官，颁行天下”。天启年间，皇极殿修复完毕后，颁历才从文华门改回。

三、东亚“朝贡体系”中的“颁正朔”与“奉正朔”

颁历授时是古代东亚地区国际交往的重要方式。

早在隋唐时代，颁历活动已颇及外邦。如隋文帝开皇六年（586）正月，颁历于突厥。唐武德七年（624）二月，高句丽“遣使内附受正朔，请颁历，许之”。唐太宗平定吐谷浑内乱后，该国王于贞观十年（636）“始请颁历及子弟入侍”。南诏也于贞元年间“上表陈谢册命及颁赐正朔”。又如黠戛斯，咸通四年（863），遣使“表求经籍及每年遣使走马请历”，咸通七年（866），遣使“奏遣鞍马迎册立使及请亥年历日”。

当国家开疆辟土后，常向新征服地区颁历。通过此项仪式化活动，将新臣民纳入其统治秩序之下，成为征服的重要标志。唐显庆五年（660），刘仁轨伐百济，“于州司请历日一卷，并七庙讳”，他解释说，“拟削平辽海，颁示国家正朔，使夷俗遵奉焉”，随后施行如其所言。某些情况下，颁历的象征意义甚至进一步发展成为招抚策略，甚至走在军事行动之前，发挥出积极作用。最著名的事例，如王阳明巡抚赣南地区期间的招抚活动，正德十三年（1518）三月，王阳明遣使颁历三浰，以示诚意。当时这些长年游离于政府管辖之外的“巨寇”，起初尚对官军有所疑虑，“既得历，稍安”。西南地区亦是如此，明弘治年间，广西思恩土官岑浚“作乱”，布政使庞泮撰征讨檄文曰“兹特将《弘治十八年大统历》一本，差官赍捧，亲临尔府”，要求岑浚“出郊外远迎，俯伏听谕”。言下之意，若岑浚肯自行受历，即被视作归附王化，可免去一场刀兵之灾。这种怀柔之策，正是所谓先礼后兵。

在古代东亚世界，中央王朝与周边若干国家之间构成了著名的“朝贡体系”。明清时期，“朝贡体系”的发展臻于完备，形成宗藩外交的理想模型：藩属国臣服并接受册封，按期遣使来京朝觐，宗主国则赐以印信、诰文、历书等。

李氏朝鲜是中国封建王朝后期“朝贡体系”中最具代表性的藩属国，该国长期秉持事大主义理念，诚心奉中原王朝正朔。朝鲜在获历方式、品种等方面较之其他藩属国待遇较高，体现出明朝对其格外关照。自明永乐时代起，朝鲜每年冬天都要到北京领取来年新历，共一百零一本。其中，王历即亲王用历一本，朝鲜国王自用，民历即普通历书百本，颁赐群臣。明代前期，常由朝鲜朝贡使节如正朝使兼行领历之责，后定为由冬至使负责领历，及至清代，朝鲜还派出专门的领历使者，称为历咨之行。宗主国也会努力维持双方的颁历关系，若朝鲜使者领历不及，明廷会主动送去历书，清廷还会对朝鲜领历使者以赐宴、赏银等方式加以笼络。明清历书对国家的天文历法事务产生了深远的影响。如朝鲜虽设置天文机构自造历书，但李氏君臣认为明朝《大统历》、清朝《时宪历》是比本国自制之历更为权威的版本，常据之考校本国历书正误、择吉行事、增削本国历注。朝鲜为使自造之历与宗主国正朔保持一致，还成功引进明清时代的官方历法，自行推步造历，行用本国。

朝鲜之外，明清二朝持续颁历授时的其他藩属国，主要是琉球、安南。朝鲜距离北京较近，领历相对方便，而东南诸国距北京较远，因此由附近省份印造颁给。

第二节　历书的发行

一、官方垄断颁历权

官方垄断颁历之权，禁止民间私造历日的法令出现于唐代。

中、晚唐时期，历日开始深入人们的日常生活。在社会需求的驱动下，民间率先引入印刷术印制历日，发行量倍增，影响愈加广泛。私历甚至比官历先出来，此举挑战了中央政府的权威。如唐太和九年（835），东川节度使冯宿奏称“剑南、两川及淮南道皆以版印历日鬻于市，每岁司天台未奏颁下新历，其印历已满天下，有乖敬授之道”，唐文宗因此“敕诸道府不得私置历日板”。这种禁令效果有限，如敦煌具注历日中自四川流入的《唐中和二年剑南西川成都府攀赏家历日》，即是私历。后唐同光二年（924），国家亦有令禁私造历日。

唐宋之际，国家纷乱，民间私造历日屡禁不止。某些情况下，官方只得做出让步，允许民间翻印，但须以官颁历日先行，而部分商人又想方设法从司天台官员手中套取历本，抢先印行。如后周广顺三年（953）诏曰：“所有每年历日，候朝廷颁行后，方许雕印传写，所司不得预前流布于外，违者并准法科罪。”此令亦为宋朝所沿用。

北宋前期，历日由司天监授权商人印售，同时民间多有私印小历者。天圣七年（1029），开封府曾“欲乞禁止诸色人自今不得私雕造小历印版货卖，如违，并科违制，先断罪”。到熙宁四年（1071），宋朝乃将印历事务收归官办，开始实行历日专卖制度，禁止民间私印。

官方垄断印制历书时期，出台了多项禁止民间私印历书的法律条文。南宋《庆元条法事类》对各种情节规定最为具体：“诸私雕或盗印律、敕令、格式、刑统、续降、条制、历日者，各杖一百，许人告。”在立法者眼中，历书类似于官方文件，其重要意义与法令、条例等国家制度等并列。对于盗印官历者，政府的处理方式相当灵活，针对情节轻重，分为不同情况：首先，有“增添事件、撰造大小历日雕印贩卖者，准此，仍千里编管”；其次，“节略历日雕印者，杖八十”；最后，“止雕印月分大小及节气、国忌者，非”。这些法令，当是经过长期总结权衡得出，其处罚力度依情节轻重制定，实出于维护皇朝历日权威的目的。民间翻印官历，无视法规，又不能保证质量，当罚；增补官历或自编历日，可谓挑战朝廷权威，甚至扰乱社会，影响极坏，罪加一等，在杖责一百的基础上，流放千里；删节本毕竟源自官历，内容较少，出错可能性略小，故罪减一等，杖责八十；精简本内容极少，一般不会出错，其中又列出国家忌日，认同朝廷权威，故官方为便民计，对之网开一面。

元代开始鼓励民间举报造私历者，许以重赏，如《元史》：“诸告获私造历日者，赏银一百两，如无太史院历日印信，便同私历，造者以违制论。”这条记载，当是源自《元典章》：“太史院钦奉圣旨，印造《大德授时历》颁行天下，敢有私造者以违制论，告捕者赏银一百两，如无本院历日印信，便同私历。”既云《大德授时历》，这应是大德年间通行的历日名称，则该条例或定于斯时。

宋元时代，官方垄断颁历的一个因素是出于利益考虑。北宋熙宁朝开始施行历书专卖制度，自此，历书成为政府收入一个不可忽视的来源。元代继承历书专卖制度，形成历日课税。

明太祖朱元璋颁历免除工本费用，同时严禁私历，鼓励告发。《大明律》“诈伪”类“伪造印信历日等”款曰：“凡伪造诸衙门印信及历日、符验、夜巡铜牌、茶盐引者，斩。有能告捕者，官给赏银五十两。”洪武三十年（1397），明朝又将“伪造制书、宝钞、印信、历日等”列为斩首诸罪头等，定为“决不待时”，明廷还在大统历日封面印有防伪提示，鼓励告发：“钦天监奏准印造大统历日颁行天下，伪造者依律处斩，有能告捕者，官给赏银五十两，如无本监历日印信，即同私历。”明初将历书与制书、宝钞、印信等诸多朝廷信物并列，可以反映出立法者眼中官历的至高地位。

清代前期，沿用明朝制度，官历封面亦印有“伪造者依律处斩”，“告捕者官给赏银五十两”字样，严禁民间私造历日，但《时宪历》颁发不足，未能满足社会需求，故民间私印历日及自编通书现象抬头。雍正朝一度尝试通过售卖的方式普及《时宪历》，却由于偏远地带获官历不够及时，私历无法杜绝。乾隆时代，有官员提出私造历日者获利不多，处斩量刑过重，朝廷最终从宽处理，允许民间依据官历翻刻，不须钦天监印信。

二、历书之传递与国家治理

（一）历书传递之方式

天文机构制定完成新历后，首先要进献给皇帝，是为进历。如《后汉书·百官志》述“太史令”职责：“掌天时、星历，凡岁将终，奏新年历。”后世皇朝为进历活动置有专门仪式，早期的进历之礼史料缺失，可以援引日本平安时代（794—1192）之例作为参考，每年十一月初一，天文机构阴阳寮将天皇所用御历上奏，该仪式被称为“御历奏”。元代进历之礼于冬至举行，天文官员奉御用历，该历用粉笺题写蒙古文字，并以黄色丝织物封裹，从御榻之西进呈给皇帝。

向皇帝进历之后，才能颁给各级臣属，首先是在京王公贵戚，以及各级官员。唐代之颁历，如《玉海》引《集贤注记》述：“自置（集贤）院之后，每年十一月内即令书院写新历日一百二十本，颁赐亲王、公主及宰相公卿等。”宋代的颁历机构是枢密院，如北宋《天圣令》曰：“诸每年司天监预造来年历日……枢密院散颁，并令年前至所在。”及至元代，由制历机构太史院负责颁发，如《析津志》记：“太史院以冬至日进历，上位、储皇、三宫、省院、百司、六部、府寺监并进。”此处，朝廷颁历给各机构臣僚也笼统地使用了“进历”的说法。又如元代《宫词》有云：

珠宫赐宴庆迎祥，丽日初随彩线长。太史院官新进历，榻前一一赐诸王。

该诗也反映出冬至节令宴会时，天文官员进历，皇帝顺便赐历给诸王级别的高层亲贵之情形。

明朝开国，这种进历之后的颁赐活动在元朝基础上进一步拓展，百官亦参与其事，仪式色彩增强。吴元年（1367）冬至，吴王朱元璋御殿，百官着朝服陪班观礼，如朝会之仪，太史院使刘基进历，朱元璋受历，随后臣属当场获颁历日。洪武二十六年（1393），随着国家礼制体系的成熟，颁历仪式形成定制。该礼制过程较之洪武初更为繁复，场面更加恢宏壮阔，参与人员大大增加，国子监生、僧官道士、藩属国使者，甚至部分普通士民，俱得赐历。仪式的基本流程，亦是待钦天监正进历之后，再颁历臣属。清承明制，形成著名的午门"颁朔礼"。至于颁历体现的仪式化特征，后文还有详述。

新历关系到来年时间安排，举国一体，地方上也待中央政府颁历。如南宋小朝廷在临安立国，统治稳定后，恢复前代颁历之制。绍兴十三年（1143）二月，宋高宗诏书提及惯例："降赐历日，自绍兴十四年为始，依旧例申枢密院降宣，附局入递，颁赐在外知州、府、军、监及监司臣僚。"枢密院颁发历书，常由进奏院传送，类似于朝廷发布诏令、公文等，如宋代"谢赐历日表"开头多有提到"进奏院递到历日一卷"云云。

面对规模庞大的官僚群体，历书需要复制多份颁下。历书早期是手抄，唐朝还对此工作有着明确要求，如《玉海》引《集贤注记》提到："皆令朱墨分布，具注历星，递相传写，谓集贤院本。"据出土历书实物发现，抄写完成后，还要校对，多至三校者。

历书为生产生活之参考，随着社会对其需求量渐增，民间常有自制历日出售获利者。史载南梁傅昭十岁于朱雀航卖历日，即反映出历书作为商品的情况，而此时历日当为纸质手抄。因社会需求日益旺盛，唐代后期，民间率先使用印刷术印历。北宋之初，官方募人抄写历书，又授权商人印售民间。天圣年间，官方亦采用印刷术印历，并施行历日专卖制度，还设有印历所，专门负责印制历日收取此项收入。

若由京城供给地方民众历书，运输成本高昂，为提高效率，开始由中央赐给历样，地方照之刊印。这种情况最早出现于宋代，广南东路官员曾提到中央政府对岭南地区通过邮传系统“每岁赐历及降下历日样”，这里“赐历”之对象当为朝廷命官，而“历日样”，当是据之付印供应普通民众。

元代亦准许各省根据中央下发的历样自印历日颁发民间，太史院设有专门职官，分别负责内腹里、各省印历。明清时代，钦天监负责供应直隶历日，各省则据中央发来历样自行印造，待颁历之日发放民间。以明朝为例，钦天监造成来岁历样，于每年二月初一日进呈皇帝御览，获准后，照历样刊造十五本送礼部，再由礼部送至南京及各布政司。如南京钦天监，要求印历纸张于六月内送到，当自七月份开始印造。大统历日印造地点有十几处。

清朝行省之外的边疆藩部，如蒙古等处，所需时宪书并不多，一度通过兵部驿站系统传递。

（二）颁历与国家秩序

从国家治理的层面来看，颁历授时是要在统治区域内推行官方正朔，如此则上下政令统一，军政事务、社会生活都能够按照时间规则运转，井然有序，形成一个整体。《周礼·春官》叙“太史”职责：“正年岁以序事，颁之官府及都鄙，颁告朔于邦国。”《论语·八佾》提到过鲁国有“告朔”之礼，反映出先秦时代周王室与诸侯国都存在颁朔这一史实。但各国闰朔不尽相同，正如古希腊城邦国家没有统一的历法。

秦始皇统一六国后，虽有统一文字、货币与度量衡的举措，但在颁朔方面未见明显进展。有学者根据近年来出土的秦汉历书实物存在多处朔日安排不尽一致的现象，推断秦至西汉前期中央政府颁朔的范围和影响均相当有限。究其原因，是秦汉帝国的交通运输、通信等技术手段较之前代并无显著提升，同时各地区的社会文化差异难以迅速抹平，民间还活跃着相当多的通历术者自制私历。大一统皇朝国家幅员辽阔、人口众多，亟待推行统一的时间体系，中央政府在此方面积极努力，汉武帝太初元年建立年号制度及改正朔之举即是一个显著表征。

有唐一代，官方正朔之通行开始普遍。有学者提出，初唐时期的文学作品中较难见历日，盛唐时期渐渐有之，中、晚唐诗文中所涉历日者较多，据此判断彼时代历日进入人们日常生活之深入。此外，吐鲁番出土文献，反映出远疆僻壤也开始严格遵官历行事。彼时代西州仓曹司之粮料，月初发放，按月计日，每日俱有定数。官历虽于年前颁发，而西州地处边陲，送至时间较晚，二月份才抵达。但当地每月粮料发放不能因此耽误，时人就在正月、二月月初，暂按小月的天数发放。后来历日送到，彼二月皆为大月，地方照此行事，在二月十三日再将所欠两天粮料补发。当朝廷正朔成为地方日常准则或规范后，各地与中央政府的关系更加紧密不可分。

那么，若中央政府未能履职颁历授时，基层社会该如何运转？当国家纷乱，官历未颁，而社会生活已经有了对时间规则的既定需求，只得使用民间私历。推算闰朔节候难度并不高，而使用不同的历法或不同的推算，却可能会导致结果有异。如此，则统一的时间无法保障，常出现社会混乱。最著名的事例，可见《唐语林》，唐末黄巢攻占长安，僖宗逃入蜀地避难，江东虽为唐朝属地，但官方历本不至，该地存在各种私历并行的现象："市有印货者，每差互朔晦，货者各征节候。"由于不同闰朔节候的争端，闹到官府，但地方官也难以判定是非，只好说："尔非争月之大小尽乎？同行经纪，一日半日殊是小事。"此般敷衍，官方权威消遁于无。又如南宋绍兴初年，朱敦儒《小尽行》诗曰：

藤州三月作小尽，梧州三月作大尽。哀哉官历今不颁，忆昔升平泪成阵。我今何异桃源人，落叶为秋花作春。但恨未能与世隔，时闻丧乱空伤神。

周紫芝曾解释该诗背景说：“顷岁朝廷多事，郡县不颁历，所至晦朔不同。”靖康之变后，宋室南渡，几经颠沛流离，自顾不暇，未能颁历。藤州三月是小月，梧州三月为大月，就是当时岭南地区闰朔安排各自为政的真实写照。上述二例，恰恰可以反衬出正常情况下，中央政府颁历授时对于基层社会的运转的支配意义。

当多家政权并立时，不同时间体系的遭遇，还会发生冲突。如北宋熙宁十年（1077），苏颂出使恭贺辽道宗生辰，时宋历冬至先辽历一日，两国遂为此发生争端。又如南宋淳熙五年（1178），金朝遣使前来贺会庆节，宋历九月庚寅晦，而金为己丑晦，先宋一日，两国又为此事产生辩论。时间体系关乎皇朝正统，国家通使各执己见，普通臣民沟通亦抵牾无疑。

又如太平天国时期颁历民间，称为《天历》。《天历》与传统阴阳合历迥异，一年三百六十六日，不用朔望月，单月大，三十一日，双月小，三十日，不置闰。清军即便获知太平军政令，亦对日期迷惑不解。《天历》与《时宪历》相差甚远，经长年累月，甚至“寒暑不验”。《天历》颁行十数年，影响深远，对清朝正朔造成了有力冲击。

当不同政权统治更迭时期，会出现时间体系的交替、取代。如清朝为征服中国南部，曾与永历小朝廷长期拉锯作战，此一过程，两朝正朔即呈现出鲜明的对比。据《明季南略》，永历政权于己丑年（1649）十月向两广、云、贵等地颁发庚寅年（1650）《大统历》，闰月在十一月。庚寅年清兵攻伐强劲，一路势如破竹，于十一月内连克广州、桂林两座省城。南明全线溃退，短期内两广下属肇庆、高、雷、浔、梧、平、庆等府尽数为清朝所有。清军席卷两广后，随即在各道、府、州、县委派大小官佐，并于十一月下旬陆续抵任，这些地方当改奉清朝正朔。但清《时宪历》闰月不在庚寅年，而是安排在次年即辛卯年（1651）的闰二月，“一时城中官府军丁自北来者，悉以十二月朔为辛卯元旦，行拜贺礼”。南明名臣瞿式耜被俘后，在桂林狱中作《阅北历有感》曰“正朔残年多一月，新书改岁闰三春”，即深刻体现出彼时亡国臣民对于时间体系变迁的感叹。然而清兵初略粤桂之地，占据城池虽疾如旋踵，势力尚未及渗入基层，各乡镇居民沿用永历《大统历》，仍以清《时宪历》辛卯年二月朔日为元旦。因此两广地区庚申、辛卯守除拜岁，有着城乡之别。一直到辛卯年四月，城乡岁时始相同。

（三）历书对藩属国的传播

明朝《正德会典》提及颁历藩属国，“如琉球、占城等外国，正统以前，俱因朝贡，每国给与王历一本、民历十本；今常给者，惟朝鲜国，王历一本、民历一百本”，王历，即亲王用历，民历，即普通民众用历，王历封面裹以黄色丝织品，以标识使用者等级之分，朝鲜国王享受亲王待遇。明朝藩属国王受赐王历，始于永乐元年（1403）。琉球、占城等国来京城朝贡，明廷才颁给王历与民历，而这种情况，主要是在永乐、宣德时代。朝鲜使者进京频繁，一年朝贡数次，明廷能“常给”，其他藩属国，数年朝贡一次，就不能以此种方式“常给”。

明朝作为宗主国，对藩属国的稳定颁历关系，需要持续颁赐《大统历》。明朝向藩属国持续颁历，大致存在两种情况：一是藩属国每年遣使进京领取，如朝鲜；二是由附近布政司印造颁给，如琉球、安南等国。明朝统治版图不可谓小，为便于全国及时授历，采用区域颁历体制，即钦天监负责供应直隶历书，各布政司则据朝廷发来历样自行印造，颁发本省。对于某些藩属国，有时会采取就近原则，常由附近布政司提供。王历由朝廷印制，布政司仅颁给民历而已。藩属国获历品种、方式的差异，体现出明廷对其重视程度不同。

朝鲜每年向明朝领取《大统历》，常需遵循一套特定程序，经由祠祭清吏司、礼部、钦天监等部门。首先，由祠祭清吏司移咨，礼部再查惯例，令钦天监照例给予使臣历书。当时朝鲜使者为领历事宜，备有专门文件——“求请单子”，而且这种文件，还要带回本国，一并上交。

朝鲜使节身居北京时间较长，前往礼部领历一事似乎并不紧迫。如权橃《朝天录》记载，嘉靖十八年（1539）七月底，朝鲜派遣冬至使任权、奏请使权橃前往明朝，这一干人等于十月十九日抵达北京。到了十二月初三日，朝鲜使团才派通事李应星前往礼部领回历书。明廷为颁赐朝鲜历书，工部还每年例行打造木柜一个，以便携带，该柜外面还加上毯套，“每毯一斤价银八分”。纸质《大统历》一册仅十七八页，这一柜子百册历书体积不大，因此仅派一位陪臣前往礼部履行手续，领取物件即可。

明朝后期，后金崛起，中朝陆路交通断绝，朝鲜使节从海路转陆路抵达北京颇为不易。明廷为维持藩属关系，甚至会把《大统历》送到玉河馆。如朝鲜冬至使书状官申悦道《朝天时闻见事件启》记载崇祯二年（1629）二月十四日事迹：“在馆。礼部送历日一百一本，一本乃御览件也。”那本“御览件”，即是指王历。

朝鲜使者们还有一个机会获颁历书，即是在每年岁末举行的颁历仪式上。大体上说，自成祖登基，明廷颁历时间为十一月初一，至嘉靖十九年（1540）改为十月朔。京官之外，普通士民也有机会参加颁历仪式，并受赐历书。仪式上臣子朝谒皇帝，按地位高低之序排班，而藩属国使臣则列于僧官道士之后。

那么，朝鲜派哪些使者前往明朝领历呢？

明清二代，朝鲜遣使赴中国，可分为定例使行与别行使节。定例使行是每年例行使节，如冬至使、正朝使、圣节使、千秋使等；别行则是非定期使行，据实际事务需要临时派遣的使节，如谢恩使、奏请使、进贺使、陈慰使、进香使、问安使、辩诬使、进献使、告讣使等。

早期的领历使者，除正朝使之外，还有谢恩使、圣节使等，具体操作层面相当灵活。自嘉靖十年（1531）起，朝鲜应明朝要求，每年遣使贺冬至。赍历之事，这才固定为贺冬至使兼行。前文提到权橃《朝天录》所记，嘉靖十八年（1539），朝鲜使团派通事李应星前往礼部领历，当是由冬至使任权赍回本国。

嘉靖二十七年（1548），朝鲜冬至使崔演为赴北京领历后，尝作诗《新历》三首。其二曰："观天推测察玑衡，颁历从知大统明。万古惨舒天亦老，一年荣悴事多更。休嫌犬马添衰齿，长愿琴樽乐此生。行趁初春还故国，顺时平秩事农耕。"冬至使领历时间为年末，赍历归国常常要到年后。崔演于次年正月返回朝鲜，序属初春，他还希望《大统历》能够对本国农事活动派上用场。

还有冬至使赍历回国更晚的例子，如万历三十一年（1603）三月，冬至使才带回历书。万历时代，朝鲜一度设立制度，据明朝《大统历》刊印本国之历，因此对冬至使赍历归国时间要求更为紧迫。

有些时候，朝鲜使者归国时间早于颁历，领取不及，明廷也曾遣使前往朝鲜颁赐。如宣德十年（1435）十一月初一日日食，故明廷推迟到十二月初一才颁历，而朝鲜圣节使南智此次归期较早，不及领历。因此明朝派遣舍人魏亨追授南智，因为赶不上，就直接到朝鲜交付。正统元年（1436）正月，朝鲜国王李祹为明使设置了隆重的"迎历日仪"，魏亨官职虽低，却是代表明廷，享受待遇极高。

明清历书对朝鲜的天文历法事务产生了深远的影响。如朝鲜虽设置天文机构自造历书，但李氏君臣认为明朝《大统历》、清朝《时宪历》是比本国自制之历更为权威的版本，常据之考校本国历书正误、择吉行事、增损本国历注。朝鲜为使自造之历与宗主国正朔保持一致，还成功引进明清时代的官方历法，自行推步造历，行用本国。

明清时代"朝贡体系"下，中原王朝对朝鲜、琉球、越南等国的持续颁历授时，构成与维系了东亚地区国际交往中的特殊礼仪文明。

第七章

宇宙理论

第一节　论天诸家

一、盖天说

盖天说源自人们对宇宙的直接观察。有些学者曾将其起源、发展的过程分成两个阶段，称为“第一次盖天说”和“第二次盖天说”。“第一次盖天说”就是天圆地方说，“第二次盖天说”即《周髀算经》中提出的关于天地结构的学说，也称周髀说。

但是由于“第一次盖天说”除了“天圆地方”等形象化比喻外，没有进一步的关于天地结构的定量描述，所以很难将它称为一种学说。“第二次盖天说”以《周髀算经》为基本纲领性文献，提出了自成体系的定量化天地结构。所以从学说的高度上来说，“第一次盖天说”与“第二次盖天说”的划分是可以省去的，不妨将所谓的“第一次盖天说”解释为为理解盖天说而作的形象化比喻；而将《周髀算经》中的盖天说称为与浑天说并列的一种古代宇宙学说。[①]

---

① 关于《周髀算经》中的宇宙结构，以前曾长期流行“双球冠说”，其实此说与传世文献有严重冲突，难以成立。20世纪90年代，笔者发表了一组系列论文提出全新结构及解释：

江晓原:《〈周髀算经〉——中国古代唯一的公理化尝试》,《自然辩证法通讯》1996年第3期。

江晓原:《〈周髀算经〉盖天宇宙结构考》,《自然科学史研究》1996年第3期。（见下页）

按照学术界的习惯，一种学说的问世是以代表该学说的基本文献的问世为标志的。所以盖天说的问世年代有赖于对《周髀算经》成书年代的考证。虽然对此问题各有异说，但把《周髀算经》的成书年代定在公元前130年左右是比较合理的。

《周髀算经》中给出的盖天说关于天地结构的一整套理论中，有以下几个基本要点。

（1）勾股测量法。即“勾三股四弦五”或“勾六股八弦十”。勾、股、弦是直角三角形的三条边，“勾^2+股^2=弦^2”。在《周髀算经》以至中国古代算术中，一般只用“勾三股四弦五”或它们的倍数形式。

（2）使用周髀，即长八尺之表，作为基本观测仪器。

（3）日光之照十六万七千里。盖天说认为日光能照射的范围是有限的，这个范围就是以十六万七千里为半径的球。

（4）天与地为平行平面，其间相距八万里。

（5）北极璇玑。对于“北极璇玑”确切所指为何，历代众说纷纭。“北极璇玑”是天北极之下大地上矗立着的高六万里、底面直径为二万三千里的上尖下粗的柱体，在北极大地上凸出的这高峰处，天的形状相应地凹陷进去。天以“北极璇玑”为轴旋转。这样不仅很自然地解释了《周髀算经》各种天地间数据的关系，而且使得盖天说的几何图景不再像以前的解释那样自相矛盾。

以上五条构成了盖天说纲领的基本内核：前两条是基本方法与工具，后三条是对宇宙模型的基本设定。盖天说以此为基础解释天地结构和天体运行，并进行定量描述和计算。

二、浑天说

浑天说的产生，较之盖天说为晚。作为一种宇宙学说，浑天说的产

（接上页）江晓原:《〈周髀算经〉与古代域外天学》，《自然科学史研究》1997年第3期。二十余年来渐被学界接受，系统论证参见江晓原:《〈周髀算经〉新论·译注》，上海交通大学出版社，2015年。

生和发展与一种实用的测天仪器——浑仪有着密切的关系。

目前基本上可以肯定，汉代落下闳造《太初历》时(前104)，用以测天的是浑仪。但史籍所载明确的浑天说，直到东汉张衡造浑天仪并作《浑天仪注》时（123年左右）才正式提出来。张衡的宇宙学说被后世天学家多次引用和发展，并成为中国古代绝大多数天学家公认和遵用的宇宙学说。

尽管可以大胆地推测张衡以前，甚至落下闳以前，已有了浑天说，但是，一种学说成熟的标志应该是定量描述的出现，张衡正是定量地叙述了他所认识的天地结构。如张衡《浑天仪注》就是此方面的代表文献：

> 周天三百六十五度四分度之一，又中分之，则一百八十二度八分之五覆地上；一百八十二度八分之五绕地下，故二十八宿半见半隐。其两端谓之南北极。北极乃天之中也，在正北出地上三十六度，然则北极上规径七十二度常见不隐；南极天之中也，在南入地三十六度，南极下规七十二度常伏不见，两极相去一百八十二度半强。天转如东毂之运也，周旋无端，其形浑浑，故曰浑天也。赤道横带，天之腹，去南北二极，各九十一度十九分度之五。(横带者，东西围天之中要也。然则北极小规去赤道五十五度半，南极小规亦去赤道五十五度半，并出地、入地之数，是故各九十一度半强也。)
>
> 黄道斜带，其腹出赤道表里各二十四度。(日之所行也，日与五星行黄道，无亏盈。月行九道：春行东方青道二，夏行南方赤道二，秋行西方白道二，冬行北方黑道二，四季还行黄道，故月行有亏盈。东西南北随八节也。日最短，经黄道南，在赤道外二十四度，是其表也。日最长，经黄道北，去赤道内二十四度，是其里，故夏至去极六十七度而强，冬至去极百一十五度亦强。日行而至斗二十一度，则去极一百一十五度少强，是故日最短，夜最长，景极

长，日出辰、入申，昼行地上一百四十六度强，夜行地下二百一十九度少强。夏至日在井二十五度，去极六十七度少强。是故日最长，夜最短，景极短，日出寅，日入戌，昼行地上二百一十九度少强，夜行地下一百四十六度强。）

然则黄道斜截赤道者，即春、秋分之去极也。（斜截赤道者，东西交也。然则春分日在奎十四度少强，西交于奎也。秋分日在角五度弱，东交于角也。在黄赤二道之交中，去极俱九十一度少强，故景居二至长短之中，奎十四、角五，出卯入酉，日昼行地上，夜行地下，俱一百八十二度半强，故昼夜同也。）①

浑天说虽不符合直接观察，却能够比盖天说解释更多的天文现象。中国古代天学家就是以此为模型，进行天文观测和历法的推算的。以后历代历法推算方法上常有改进，但基本模型仍是少有变化。比如日及五星行黄道，张衡认为它们的运动无"亏盈"，到张子信发现日及五星运动不均匀性后，历法中采取了相应的措施予以校正，但并不损坏整个浑天说宇宙模型。可以说，张衡总结并提出的浑天说一直到明朝末年都没有太大的变化。

浑天说的基本文献是张衡的《浑天仪注》，浑天说的基本测量工具是浑仪。

三、宣夜说

史籍关于宣夜说的记载极少，目前只能找到两条。其一，《晋书·天文志上》载蔡邕之言云：

宣夜之学，绝无师法。《周髀》术数具存，考验天状，多所违失。惟浑天近得其情，今史官所用候台铜仪则其法也。

① 见瞿昙悉达《开元占经》卷一，及《后汉书·律历志下》注引。

据此记载可知，博学大儒如蔡邕者，对宣夜之学也只闻有其名，不知其实情如何了。

《晋书·天文志上》有一则记载较为详细，引述如下：

> 宣夜之书亡，惟汉秘书郎郗萌记先师相传云："天了无质，仰而瞻之，高远无极，眼瞀精绝，故苍苍然也。譬之旁望远道之黄山而皆青，俯察千仞之深谷而窈黑，夫青非真色，而黑非有体也。日月众星，自然浮生虚空之中，其行其止皆须气焉。是以七曜或逝或住，或顺或逆，伏见无常，进退不同，由乎无所根系，故各异也。故辰极常居其所，而北斗不与众星西没也。摄提、填星皆东行，日行一度，月行十三度，迟疾任情，其无所系着可知矣。若缀附天体，不得尔也。"

上述记载，无非是要说明，天是没有形质的，是一片虚空，日月众星浮于虚空中，自由自在地运行着。

这种说法与现代宇宙论颇有形似之处，所以它往往被某些学者作适当发挥之后，指认成为中国古代最先进的宇宙学说。然而，宣夜说认为日月星辰"或顺或逆，伏见无常""迟疾任情"，所以对它们运行规律也就无从谈起了。这种对天体自由运行的夸大，使得宣夜说无只字片言谈到对天地结构的定量化描述，所以严格地讲，宣夜说还不能称为一种宇宙学说。

盖天、浑天之名皆有来历，宣夜一词作何解释，现在还不能知其究竟。

四、其他学说

宣夜、盖天、浑天三家之外，《晋书·天文志上》尚记载有古代论天三家。其一为吴太常姚信所造"昕天论"，其内容如下：

人为灵虫，形最似天。今人颐前侈临胸，而项不能覆背。近取诸身，故知天之体南低入地，北则偏高。又冬至极低，而天运近南，故日去人远，而斗去人近，北天气至，故冰寒也。夏至极起，而天运近北，故斗去人远，日去人近，南天气至，故蒸热也。极之高时，日行地中浅，故夜短；天去地高，故昼长也。极之低时，日行地中深，故夜长；天去地下，故昼短也。

这种学说将天比作人，偏重于对四季变化和昼夜长短变化的解释，所作也仅是定性而非定量解释。而且将四季和昼夜的变化归结为日去人远近的变化也是错误的。日去地远近固然有变化，但不足以影响气候冷暖和昼夜长短。事实上，在古代和今后相当长一段时间里太阳近地点将在冬至附近，就是说冬天太阳离地球近，夏天太阳离地球远。

其二为东晋虞耸的“穹天论”：

天形穹隆，如鸡子，幕其际，周接四海之表，浮于元气之上。譬如覆奁以抑水，而不没者，气充其中故也。日绕辰极，没西而还东，不出入地中。天之有极，犹盖之有斗也。天北下于地三十度，极之倾在地卯酉之北亦三十度，人在卯酉之南十余万里，故斗极之下不为地中，当对天地卯酉之位耳。日行黄道绕极，极北去黄道百一十五度，南去黄道六十七度，二至之所舍以为长短也。

“穹天论”中给出了一些天地结构的数据。“天形穹隆”似乎是从盖天说中变化而来的；而“斗极之下不为地中”又与盖天说不同；“日行黄道绕极”又是浑天说中的观点；其中又杂以元气之说。总而言之，“穹天论”是个大杂烩式的学说，在有了浑天论这样基本上经得起实践检验的宇宙学说之后，“穹天论”就显得多余了。

其三是晋虞喜作的“安天论”：

天高穷于无穷，地深测于不测。天确乎在上，有常安之形，地魄焉在下，有居静之体。当相覆冒，方则俱方，员则俱员，无方员不同之义也。其光曜布列，各自运行，犹江海之有潮汐，万品之有行藏也。

《晋书·天文志》说虞喜是因宣夜说而作“安天论”的，所以可以把它看作是对宣夜说的补充和发展。但经虞喜一番补充之后，无穷高的天在上，无穷厚的地在下，两者对峙而常安，这样使得宣夜说中原来具有的现代含义大大减弱了。不过“安天论”将宣夜说中毫无规律的天体运行说得有规律了，所谓“光曜布列，各自运行，犹江海之有潮汐，万品之有行藏也”。同样，“安天论”也不能作为严格的宇宙学说。

《晋书·天文志》称“自虞喜、虞耸、姚信皆好奇徇异之说，非极数谈天者也”，这个评价相当中肯。此论天三家对后世没有产生什么影响，宣夜说也不能称得上一种真正的宇宙学说。只有浑天、盖天两说，是中国古代真正的宇宙学说，而且两说各有合理成分，都没有被完全抛弃。

五、浑盖之争

关于宇宙的诸多学说中，浑天说与盖天说最为重要。浑天说虽后出，但采用者多。持盖天说者自然不甘落后，故两说并存，并进行过长期争论。

西汉末年，浑天说的思想开始形成，但盖天说还占有统治地位。桓谭《新论》执浑天说责难扬雄：

通人扬子云因众儒之说天，以天为如盖转，常左旋，日月星辰随而东西，乃图画形体行度，参以四时历数、昏明昼夜，欲为世人立纪律，以垂法后嗣。

扬雄想把众儒所持之盖天说著为定律，“以垂法后嗣”。桓谭对扬雄提出了两个驳难。其一为“春秋分昼夜欲等平”之难。根据日常生活经验，春秋分昼夜长度是相等的，但若按盖天说，由于天极不在人之上，而在北，太阳随盖而转，北方道远，南方道近，昼夜就不能相等了。扬雄对此无言以对。第二个论难是在白虎殿廊下等奏事时向扬雄提出的。

当时因为天冷，他们用日光晒背，但不一会儿日光就转出去了。桓谭就说：如果天像转盖一样转动，太阳随之西去，那么太阳光应当继续照在这廊下，只是稍稍偏东一点而已，而不会转到外面去了。现在这种情形正应了浑天之说。扬雄立即就毁了他为盖天说“图画形体行度”的作品。

扬雄后来反而成了极力反对盖天说的主要人物，《隋书·天文志上》就保存着他著名的《难盖天八事》的详细内容。扬雄按照盖天说的基本原理和推理思路，推出了与事实相谬的八事：

甲、周天当有五百四十度；

乙、春秋分夜当倍昼；

丙、北斗不当常见；

丁、天河不当直如绳；

戊、星见者少，不见者当多；

己、日不当从地平下出；

庚、日与北斗近我小，远我大；

辛、南方次第星间当数倍。

上述八条中，甲、丁、辛只能说是盖天说的星图画法不合理；丙、庚的理由不够充分；乙、戊、己，可谓抓住了盖天说的真正致命弱点。

到张衡作浑仪，著《浑天仪注》，浑天说基本上已占了主导地位。大部分天学家都依据浑天说进行观测和计算，但盖天说“日影千里差一寸”的观点仍被保留，张衡在《灵宪》中就重复了这一观点。

然而当时持盖天说反驳浑天说的人也有，如东汉王充，《晋书·天文志》载：

旧说天转从地下过，今掘地一丈辄有水，天何得从水中行乎？甚不然也，日随天而转，非入地。……日月不员也，望视之所以员者，人远也。夫日，火之精也；月，水之精也。水火在地不员，在天何故员？

诸如此类，大都是从直观出发对浑天说提出批评。

对王充的论难，晋时葛洪作了针锋相对的反驳。如驳王充“远视所以圆”时说：“月初生之时及既亏之后，何以视之不员乎？而日食或上或下，从侧而起，或如钩至尽。若远视见员，不宜见其残缺左右所起也。”（《晋书·天文志》）这样的反驳以事实为根据，非常有力。但有时也显得牵强，如“天为金，金水相生之物也。天出入水中，当有何损，而谓为不可乎？”（《晋书·天文志》）之类，援引阴阳五行之说，表现出认识上的局限性。

汉以后，浑天说基本上奠定了在中国古代天学中的基础地位。但在南朝梁时，武帝萧衍一次于长春殿召集群臣议论，命观天体，以定天地之义。《隋书·天文志》载此事云：

逮梁武帝于长春殿讲义，别拟天体，全同《周髀》之文。盖立新意，以排浑天之论而已。

后世学者大都将梁武帝此举说成是复辟盖天说。其实不然，梁武帝排浑天是真，但其所倡导的也不是中国古代的盖天说，而是一种印度古代宇宙学说。梁武帝佞佛，推而广之，思欲以印度之说代替中国天学中的宇宙模式。

在浑天说与盖天说发生争论的同时，又发生了浑盖合一说。最早提出浑盖合一说观点的可能是为《周髀算经》作序的赵爽。他说："盖天、浑天，兼而并之，故能弥纶天地之道。"（《周髀算经·序》）然而赵爽是何许人，不得详知。

南梁时，崔灵恩也主张浑盖合一说，《梁书·崔灵恩传》载：

> 先是，儒者论天，互执浑盖二义。论盖不合于浑，论浑不合于盖。灵恩立义以浑盖为一焉。

又，北齐信都芳《四术周髀宗》自序云：

> 浑天覆观，以《灵宪》为文；盖天仰观，以《周髀》为法。覆仰虽殊，大归是一。（《北史·信都芳传》）

然而无论是赵爽，还是崔灵恩、信都芳，他们虽然主张浑盖合一说，但都没有给出将浑天与盖天两种学说调和在一起的具体可行的办法。

实际上，盖天说的基本测量仪器圭表，和浑天说的基本测量仪器浑仪，一直被历代天学机构同时使用。浑仪固然代有精制，圭表测天的作用也是不可缺少的。祖冲之、一行、郭守敬等均用圭表测日影，作了高精度的观测。所以至少在实际应用上，盖天说的勾股测量法和基本仪器圭表是一直与浑天说共存的。

到明末清初，西洋天文学和仪器来华，才使浑盖合一有了一次确实可行的尝试机会。明代李之藻编译《浑盖通宪图说》二卷，其《自序》云：

> 夫其方圆勾股乃步算之梯阶，施篝引绳均测圆之户牖。假令可盖可浑，讵有两天？要于截盖由浑，总归圆度。全圆为浑，割圆

为盖。……昔从京师识利（玛窦）先生，欧罗巴人也。示我平仪，其制约浑为之，刻画重圆，上天下地，周罗星曜，背绾窥筒，貌则盖天，而其度仍从浑出。

李之藻的《浑盖通宪图说》实际上介绍了一种西洋仪器——简平仪（即星盘）的构造、性能和用法。简平仪在中国古代不曾出现过（元朝初扎玛鲁丁带来过一具，但没有引起多大反响），李之藻见它不浑不盖，亦浑亦盖，于是称它为“浑盖通宪”，并发挥出“全圆为浑，割圆为盖”的观点，在《浑盖通宪图说》卷首“浑象图说”一节开头他又重申了这个观点：“天体浑圜，运而不息，古今制作浑仪最肖，就中割圜截弧即是盖天。”李之藻可谓为浑盖合一说找到了理论基础。

清梅文鼎曾作《浑盖通宪图说订补》一卷，称简平仪是“浑盖之器，以盖天之法，代浑天之用……法最奇，理最确，而于用最便，行测之第一器也”。又尝作《历学疑问》三卷，其中《论盖天与浑天同异》说：

盖天即浑天也，其云两家者，传闻误耳！天体浑圆，故惟浑天仪为能唯肖。然欲详求其测算之事，必写记于平面，是为盖天。故浑天如塑像，盖天如绘像，总一天也，总一周天之度也，岂得有二法哉？

西洋天文学之传入，以平面几何、平面三角等学为其先导，李之藻、梅文鼎等人于三角、几何之学显然已相当精通。故其提倡之浑盖合一说，主要是从几何学和测量学原理上找浑天说和盖天说的共同点，其所谓浑盖合一，主要是指在测量仪器上的合一。然而仪器与学说毕竟不同，前者恐怕不能完全替代后者。

第二节　星官体系及其命名思想

三垣二十八宿体系是我国古代星象体制的基本内容，大约形成于隋唐之际的《步天歌》始对完整的三垣二十八宿体系作比较全面的描绘。之后对天空作三垣二十八宿三十一个天区的划分成为定论。这种划分体系为中国古代数理天文学提供了一种标准参考架。

一、三垣

所谓三垣就是紫微垣、太微垣和天市垣。紫微垣居北天之正中央，以北极为中枢，成屏藩形状，好像两弓相合，环抱成垣。东藩八星，西藩七星，以南起各称左枢和右枢，中间形状像闭门，称阊阖门。紫微垣共含星官三十七，另有附官两个。正星一百六十三，增星一百八十一。对照现代通用之星座，紫微垣包括了小熊、大熊、天龙、猎犬、牧夫、武仙、仙王、仙后、英仙、鹿豹等星座。

太微垣是三垣之上垣，位于紫微垣东北，北斗南方。北自常陈、南至明堂，东自上台，西至上将，下临翼、轸、角、亢四宿，大抵相当于室女、狮子和后发等星座的一部分。它包含二十个星官，正星七十八，增星一百。主要由十星组成，以五帝为中枢，成屏藩形状。太微是政府之意，故星官多用官名，如左执法之言廷尉、右执法之言御史大夫之类，以及上将次将、上相次相咸列于天。

天市垣为三垣之下垣，位于紫微垣东南，约占东南天空五十七度范围。北自七公，南至南海，东自巴蜀，西至吴越，下临房、心、尾、箕四宿。它有星官十九，正星八十七，增星一百七十三。主要以二十二星组成，以帝座为中枢，成屏藩形状。

《晋书·天文志》称天市乃“天子率诸侯幸都市也”，所以垣内诸星名称各有象征。天市垣大体相当于现代的武仙、巨蛇、蛇夫等星座的一部分。

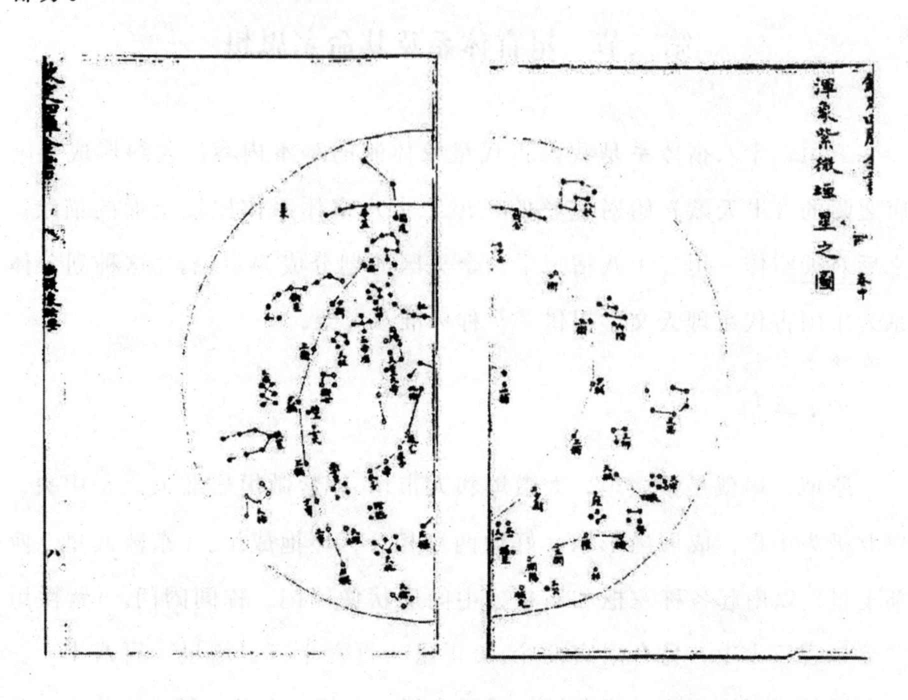

图 7－1 《新仪象法要》紫薇垣图

二、四象二十八宿

二十八宿是指绕天一周的二十八个天区，它们宽窄不等，各有名称。

东方苍龙七宿：角亢氐房心尾箕

北方玄武七宿：斗牛女虚危室壁

西方白虎七宿：奎娄胃昴毕觜参

南方朱雀七宿：井鬼柳星张翼轸

作为中国古代数理天文学的基本参考系，二十八宿最重要、最基本的要素是各宿的距星和宿度。宿度的确定有赖于距星的确定。二十八宿距星的选取一般定为靠近该宿西起边缘可见之恒星。但由于年代久远，诸多因素相互作用，不能肯定哪一种距星的证认是唯一正确的。但求同存异，大致有个共识。

二十八宿按次序环列于天，但它们究竟是按黄道排列还是沿赤道排列的问题也成为围绕二十八宿产生的众多可争议问题之一，至今仍没有圆满解决。

但唐《大衍历》以后历法中有时给出黄道和赤道两套二十八宿距度值。因此，至少在唐以后，历法中的这一具体操作已不成为问题。

表 7－1　二十八宿距星和宿度①

宿名	距星	距星对应之现通用名	宿度
角	左角星	室女 α	12
亢	西南第二星	室女 κ	9
氐	西南星	天秤 x^2	15
房	南第二星	天蝎 π	5
心	前第一星	天蝎 σ	5
尾	西第二星	天蝎 μ^1	18
箕	西北星	人马 ч	11
斗	魁第四星	人马 γ	26
牛	中央大星	摩羯 β	8
女	西南星	宝瓶 ε	12
虚	南星	宝瓶 β	10
危	西南星	宝瓶 α	17
室	南星	飞马 α	16
壁	南星	飞马 γ	9
奎	西南大星	仙女 ζ	16
娄	中央星	白羊 β	12
胃	西南星	白羊 35	14
昴	西南第一星	金牛 17	11

① 潘鼐:《中国恒星观测史》，学林出版社，1989 年，第 12、18 页。

续表

宿名	距星	距星对应之现通用名	宿度
毕	左股第一星	金牛 ε	16
觜	西南星	猎户 φ	2
参	中央西星	猎户 δ	9
井	南辕西头第一星	双子 μ	33
鬼	西南星	巨蟹 θ	4
柳	西头第三星	长蛇 δ	15
星	中央大星	长蛇 α	7
张	应前第一星	长蛇 υ^1	18
翼	中央西大星	巨蟹 α	18
轸	西北星	乌鸦 γ	17

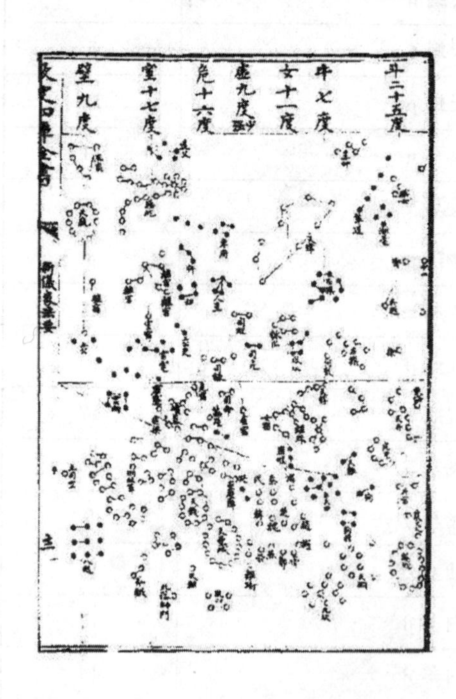

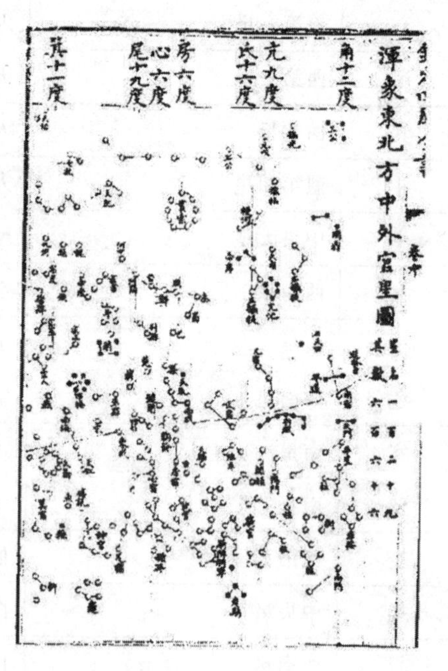

图 7-2 《新仪象法要》星图 B

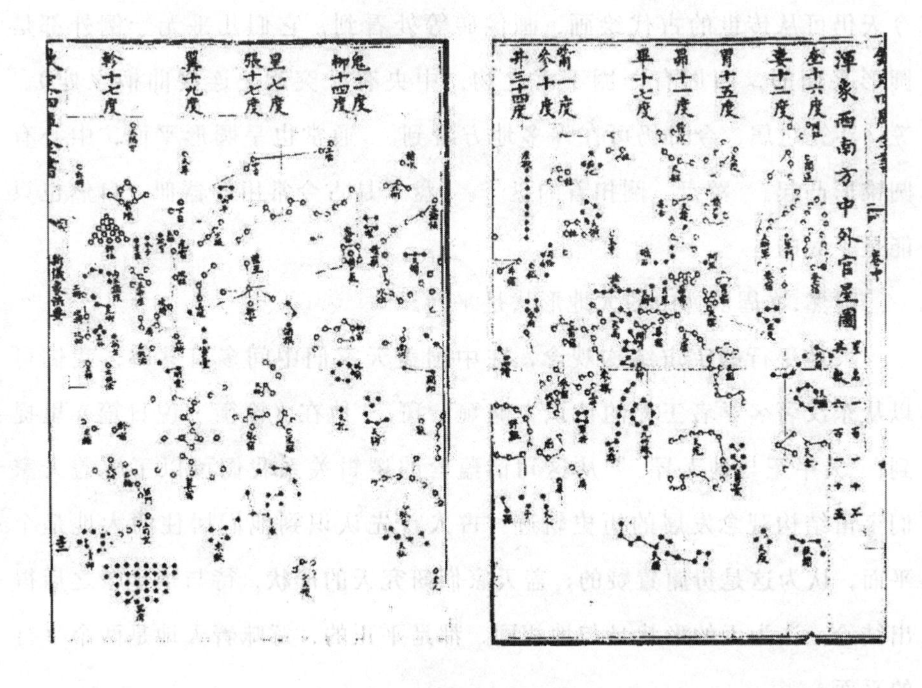

图 7 - 3 《新仪象法要》星图 C

第三节 大地形状

一、盖天说与浑天说中的平面大地

大地形状，是宇宙结构的重要部分，浑天说与盖天说都对此有所描述。

盖天说的代表性文献是《周髀算经》。该书卷下有“天象盖笠，地法覆盘”之语，反映出该书宇宙结构中的天地形状。赵爽对此八字注曰：“见乃谓之象，形乃谓之法。在上故准盖，在下故拟盘。象法义同，盖盘形等。互文异器，以别尊卑；仰象俯法，名号殊矣。”这里赵爽强调，盖、盘只是比拟。这样一句文学性的比喻之辞，至多也只能是表示宇宙的大致形状。

我们来看《周髀》的用词。盖，车盖、伞盖之属也。其实物形象，今天仍可从传世的古代绘画、画像砖等处看到，它们几乎无一例外都是圆形平面的，四周有一圈下垂之物，中央有一突起（连接曲柄之处）。笠，斗笠之属，今日仍可在许多地方看到。通常也呈圆形平面，中心有圆锥形凸起。覆盘，倒扣着的盘子。盘子是古今常用的器皿，自然也只能是平底的。

显然,《周髀》中的大地形状是平面。

天地平行的宇宙结构观念，在中国盖天家们中间多有共鸣，我们可以从东汉著名学者王充的认识上略窥一斑。他在《论衡·说日篇》里提到:“天平正与地无异。”从这句话蕴含的逻辑关系我们可以了解盖天家们宇宙结构观念发展的历史轨迹：古人首先认识到他们居住的大地是个平面，认为这是毋庸置疑的；盖天家们研究天的形状，待与地比较之后得出结论，认为天的形状是与地相同，都是平正的，意味着天地是两个平行的平面。

张衡《浑天仪注》提到:“浑天如鸡子，天体圆如弹丸，地如鸡子中黄，孤居于内，天大而地小。天表里有水，天之包地，犹壳之裹黄。天地各乘气而立，载水而浮。”有学者看张衡用蛋黄形容大地形状，认为这里是地球观念的体现，其实不然。张衡《灵宪》进一步阐述了他心目中的宇宙结构:“天成于外，地定于内。天体于阳，故圆以动；地体于阴，故平以静。”浑天说中的大地形状，也是平面。

二、地中概念

中国古人认为天地分离，天在上，地在下，大地是平面。地中概念就是这一认识的自然产物。由于中国古人生活在东亚大陆，没有航海经验，既然认为大地是个平面，其大小又是有限的，大地当然有个中心，即是地中。

本书的第二章曾经介绍过，上古时期，曾有一种观念认为天地之间的通道在地中。此外，还有洛阳地中说和阳城地中说。

《论衡·难岁篇》说:“儒者论天下九州,以为东西南北,尽地广长,九州之内五千里,竟三河土中。周公卜宅,《经》曰:‘王来绍上帝,自服于土中。’雒则土之中也。”雒即洛,洛阳,土中即地中,该说反映出洛阳地中说的周代渊源。周人起于西方,灭商之后,出于统治的考虑,营建洛阳,便于控制诸侯。在当时人的认识范围中,洛阳位于河南,地理位置居中,便被认为是地中。

阳城地中说影响更为广泛。阳城位于今河南登封,据说,周公在营造洛邑时,曾对地中位置进行了测定,确定在距洛阳不远的阳城。《周礼·大司徒》追叙了当时人们对地中所做的定义:

> 以土圭之法测土深,正日景,以求地中。日南则景短,多暑;日北则景长,多寒;日东则景夕,多风;日西则景朝,多阴。日至之景,尺有五寸,谓之地中。
>
> 日至之景,尺有五寸,谓之地中,天地之所合也,四时之所交也,风雨之所会也,阴阳之所和也,然则百物阜安,乃建王国焉,制其畿方千里而封树之。

地中的定义,基于夏至正午立八尺之表,影长一尺五寸。这一观念,在历代天文、律历志等经典文献中,得到了充分反映。

三、“日影千里差一寸”学说

在平面大地思想的基础上,中国古人还发展出了“日影千里差一寸”学说。“日影千里差一寸”学说是中国古代长期流行的日远、天高的计算方法,同时还是古人宇宙结构理论的一个组成部分,在中国古代天文学史上有着重要地位。

该学说最早可见于《周髀算经》。《周髀》开头,陈子向荣方陈述盖天理论,首先介绍了“日影千里差一寸”学说:

夏至南万六千里，冬至南十三万五千里，日中立竿无影。此一者天道之数。周髀长八尺，夏至之日晷一尺六寸。髀者，股也；正晷者，勾也。正南千里，勾一尺五寸；正北千里，勾一尺七寸。

“日影千里差一寸”学说的几何学意义，可以参看下图：

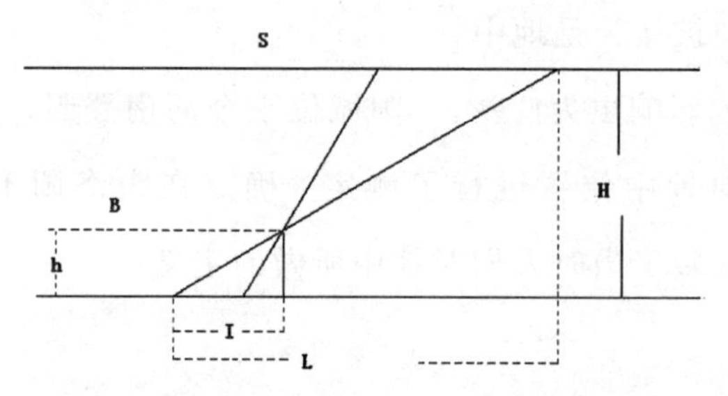

图 7-4 “日影千里差一寸”学说示意图

日影，指八尺之表（即“周髀”）正午时刻在阳光下投于地面的影长，即图中的 I，八尺之表即 h，当 h ＝ 8 尺、I＝1 尺 6 寸时，向南16 000 里处“日中立竿无影”，即太阳恰位于此处天顶中央，这意味着：

L ＝ 16 000 里，或

H ＝ 80 000 里

这显然就有：

L/I＝ 16 000 里/1 尺 6 寸＝1 000 里/1 寸

即日影千里差一寸。

接着，《周髀算经》又明确指出，这一关系式是普适的——从夏至日正午时 I＝ 1 尺 6 寸之处（即周地），向南移 1 000 里，日影变为 1 尺 5 寸；向北移 1 000 里，则日影增为 1 尺 7 寸。这可以在上图中看得很清楚。

考虑“日影千里差一寸”成立的必要条件，若把地中的测影行为仅放在一个特定时刻即夏至日正午，则只需要日高八万里，大地为平面。在没有过多的附加条件下，从几何关系上，“日影千里差一寸”说核心的日影—距离的线性关系成立前提其实只需要大地为平面即可。由此可见，该学说正是顺着中国古代传统的大地平面观这条思路发展而来，这也是浑天说能够使用该学说的原因。

西汉初期的淮南学派也提出了另一种测量天高度的方法，《淮南子·天文训》中说：

> 欲知天之高，树表高一丈，正南北相去千里，同日度其阴，北表二尺，南表尺九寸，是南千里阴短寸，南二万里则无景，是直日下也。阴二尺而得高一丈者，南一而高五也，则置从此南至日下里数，因而五之，为十万里，则天高也。若使景与表等，则高与远等也。

这里也引入了南北相去千里影差一寸说，略有区别的是文中使用的不是八尺表，而是一丈，这就反映了“千里”与“一寸”的独特关系在当时人们的心目中可能已经形成了一种稳固的信念。我们只需将以上测量方法与《周髀》相关部分比较，就能看到二者的若干重要吻合之处：

首先，同是同时在同一经度上的测影活动得出小范围经验结果；

其次，同是小范围经验的推广构造出法则后以之进行宇宙测量；

最后，同是天地平行的宇宙结构保证了“日影千里差一寸”的普遍适用。

通过以上比较我们可以发现此二者在测量方法的思想上几乎是如出一辙，二者的同源性是毋庸置疑的。当颇多不同流派的天文学家们对“日影千里差一寸”学说在天文测量上的应用已经达成共识时，则意味着此测量方法在当时的使用已经是相当普遍和成熟了。

比盖天家稍晚的浑天家们是如何面对“日影千里差一寸”学说呢？浑天说的宇宙模型中天的形状是一个球壳，而平面大地的传统仍然被坚守。显然，在这样的宇宙结构下，“日影千里差一寸”说不可能如其在盖天宇宙天文测量那样普遍适用了。与盖天说不同，浑天家们认为“日影千里差一寸”只能于夏至日中地中子午线上成立。

《周礼·大司徒》:“日至之景，尺有五寸，谓之地中。”郑玄注曰:“景尺有五寸者，南戴日下万五千里。”郑玄之注将“日影千里差一寸”与地中概念建立起紧密联系，即:根据“日影千里差一寸”说，认为地中距离南戴日下一万五千里，于地中立八尺之表测得影长一尺五寸。地中以及这些数据关系的求得，是用勾股测量术结合“千里差一寸”关系推算而来的。由于“千里差一寸”之说和“地中”概念关系紧密，相辅相成，实际上可以认为在郑玄注中，“千里差一寸”是古人在地中概念基础上运用勾股术测算日高天远的前提。因为和儒家经典有了联系，该学说的影响就随着汉代对儒术的尊崇而流泽广布于后世。浑天家们正是综合运用“日影千里差一寸”—“地中”概念体系，以解决宇宙测量问题。

在平面大地观下，当时的浑天家们实际上已经在使用一套“日影千里差一寸”—“地中”概念体系。由于受到时间和空间方面的限制，浑天说对此概念体系的使用范围极为有限，但在数学上是绝对严谨的。

东汉张衡的《灵宪》是浑天说的代表作，其中有句著名的关于测量宇宙结构的话:“将覆其数，用重[差]钩股，悬天之景，薄地之义，皆移千里而差一寸得之。”张衡根据浑天说的宇宙结构，计算出了一套数据，他很明确地指出，所得出的数据，都是根据“日影千里差一寸”假说运用勾股术测量得出来的。与盖天说中“日影千里差一寸”的普遍适用相比，张衡对其应用更为简单且范围有限，仅仅在《灵宪》中以之计算了八极之维。

自张衡之后，“日影千里差一寸”说继续被浑天家们奉为圭臬。三国时期王蕃计算宇宙大小的过程:

以此推之，日当去其下地八万里矣。日邪射阳城，则天径之半也。天体员如弹丸，地处天之半，而阳城为中，则日春秋冬夏，昏明昼夜，去阳城皆等，无盈缩矣。故知从日邪射阳城，为天径之半也。以句股法言之，旁万五千里，句也；立八万里，股也；从日邪射阳城，弦也。以句股求弦法入之，得八万一千三百九十四里三十步五尺三寸六分，天径之半而地上去天之数也。倍之，得十六万二千七百八十八里六十一步四尺七寸二分，天径之数也。以周率乘之，径率约之，得五十一万三千六百八十七里六十八步一尺八寸二分，周天之数也。(《晋书·天文志上》)

以阳城为地中，根据夏至日中影长一尺五寸，南戴日下距离阳城一万五千里，立八尺表，此处日高八万里。用“日影千里差一寸”，依据勾股定理，日至阳城距离为 8.139 4 万里，以此为天径之半，根据他求得的圆周率 3.155 5，最后推算出天周长为 51.368 7 万里。王蕃的计算表明，当时浑天家们对“日影千里差一寸”—“地中”概念体系与勾股术的结合在测量宇宙大小的应用上是相当纯熟的。

在浑天说的发展过程中，南朝进行了一些实测活动。刘宋元嘉十九年（442），在交州测影，发现六百里相差一寸；梁大同中，人们通过比较洛阳和金陵所测得夏至之影，竟然发现二百五十里差一寸！不管当时实测结果准确与否，人们不得不对“日影千里差一寸”说产生了怀疑，究竟是千里差一寸，六百里差一寸，还是二百五十里差一寸？值得注意的是，人们怀疑的仅仅是其数量关系中的“千里”而已，日影—距离的线性关系并未被怀疑。

隋朝刘焯对此问题进行了思考，他认为只有通过精确的实地测量才能真正解决问题，其《浑天论》谓：

《周官》夏至日影，尺有五寸。张衡、郑玄、王蕃、陆绩先儒等，皆以为影千里差一寸，言南戴日下万五千里，表影正同，天高乃异。考之算法，必为不可。寸差千里，亦无典说，明为意断，事不可依。今交、爱之州，表北无影，计无万里，南过戴日。是千里一寸，非其实差。焯今说浑，以道为率，道里不定，得差乃审。既大圣之年，升平之日，厘改群谬，斯正其时。请一水工，并解算术士，取河南、北平地之所，可量数百里，南北使正。审时以漏，平地以绳，随气至分，同日度影。得其差率，里即可知。（《隋书·天文志上》）

刘焯对前人的“日影千里差一寸”思想进行了逐一考察，思索了“日影千里差一寸”说的普遍适用条件——太阳运行轨道与平面大地平行。他可能意识到了浑天说中日高有变化，太阳运行轨道不可能与平面大地平行，这样，“日影千里差一寸”便丧失了在浑天说中普遍适用的几何基础，故此他强调了该方法的不可行性。他还认为，“日影千里差一寸”之说于典无据，只是人们的臆断而已，是不可靠的。在注意到南朝的测影结果，考虑了道路曲折的因素后，他建议在黄河南北的平地上于同一经度的不同位置和不同节气的日间同一时刻进行测影活动。前人在注意到刘焯的建议的同时往往忽略了他的最后一句话，我们可以看到刘焯思想中其实隐含着一个对测量结果具体里数的期待。他只是想着去验证南朝的测量结果，以得出新的关系，然后可以之进行天文测量，“则天地无所匿其形，辰象无所逃其数”，他还是认为影差与南北距离之间存在着线性关系！受传统的平面大地观影响，刘焯没有怀疑这个线性关系成立的必要条件——平面大地。

初唐的李淳风也对“日影千里差一寸”说提出了怀疑。他研究《周髀》颇深，并为之做注以评其得失，指出了《周髀》盖天说和以天地平行为前提推算的各种数据的不合理性。

开元年间，僧一行领导了天文大地测量，发现从滑县到上蔡的南北方向距离 526.9 里，日影已差 2.05 寸，即相距 257 里，影长差 1 寸。一行和南宫说在比较多组数据后发现日影之差与测影位置南北方向的距离不成线性关系，他们采用北极高度的值来计算得出结论：南北方向相距

351.27 里，北极高度相差 1 度。根据一行的实测结果，“日影千里差一寸”说被彻底否定了。

一行经过实测后否定了“日影千里差一寸”学说，但他的解释仅仅让人们的关注点转移到勾股测量法上，而忽略了问题的实质——大地平面观。这种大地平面观在中国传统上是根深蒂固的。唐后数百年，元初的赵友钦在解释“日影千里差一寸”说错舛之时仍认为是“道路迂回，难量直径”，因为他也认可了平面大地的前提。

第八章

域外天学知识之输入

第一节　早期西方天文学传入之可能

根据现代学者认为比较可信的结论,《周髀算经》约成书于公元前100年。自古至今,它一直被毫无疑问地视为最纯粹的中国国粹之一。讨论《周髀算经》中有无域外天学成分,似乎是一个异想天开的问题。然而,如果我们先将眼界从中国古代天文学扩展到其他古代文明的天文学,再来仔细研读《周髀算经》原文,就会惊奇地发现,上述问题不仅不是那么异想天开,而且还有很深刻的科学史和科学哲学意义。

我们已经知道《周髀算经》中的盖天宇宙有如下特征:

(1)大地与天为相距80 000里的平行圆形平面。

(2)大地中央有高大柱形物(高60 000里的"璇玑",其底面直径为23 000里)。

(3)该宇宙模型的构造者在圆形大地上为自己的居息之处确定了位置,并且这位置不在中央而是偏南。

(4)大地中央的柱形延伸至天处为北极。

(5)日月星辰在天上环绕北极作平面圆周运动。

(6)太阳在这种圆周运动中有着多重同心轨道,并且以半年为周期作规律性的轨道迁移(一年往返一遍)。

(7)太阳光芒向四周照射有极限,半径为167 000里。

（8）太阳的上述运行模式可以在相当程度上说明昼夜成因和太阳周年视运动中的一些天象。

（9）一切计算中皆取圆周率为3。

令人极为惊讶的是，我们发现上述九项特征竟与古代印度的宇宙模型全都吻合！这样的现象绝非偶然，值得加以注意和研究。下面先陈述初步比较的结果，更深入的研究或当俟诸异日。

关于古代印度宇宙模型的记载，主要保存在一些《往世书》（Puranas）中。《往世书》是印度教的圣典，同时又是古代史籍，带有百科全书性质。它们的确切成书年代难以判定，但其中关于宇宙模式的一套概念，学者们相信可以追溯到吠陀时代——约公元前1000年之前，因而是非常古老的。《往世书》中的宇宙模式可以概述如下：

大地像平底的圆盘，在大地中央耸立着巍峨的高山，名为迷卢（Meru，也即汉译佛经中的"须弥山"，或作Sumeru，译成"苏迷卢"）。迷卢山外围绕着环形陆地，此陆地又为环形大海所围绕……如此递相环绕向外延展，共有七圈大陆和七圈海洋。印度在迷卢山的南方。

与大地平行的天上有着一系列天轮，这些天轮的共同轴心就是迷卢山；迷卢山的顶端就是北极星（Dhruva）所在之处，诸天轮携带着各种天体绕之旋转；这些天体包括日、月、恒星……以及五大行星——依次为水星、金星、火星、木星和土星。

利用迷卢山可以解释黑夜与白昼的交替。携带太阳的天轮上有180条轨道，太阳每天迁移一轨，半年后反向重复，以此来描述日出方位角的周年变化。……

又，唐代释道宣《释迦方志》卷上也记述了古代印度的宇宙模型，细节上恰可与上述记载相互补充：

……苏迷卢山，即经所谓须弥山也，在大海中，据金轮表，半出海上八万由旬，日月回薄于其腰也。外有金山七重围之，中各海水，具八功德。

而在汉译佛经《立世阿毗昙论》(《大正新修大藏经》1644号)卷五“日月行品第十九”中则有日光照射极限，以及由此说明太阳视运动的记载：

> 日光径度，七亿二万一千二百由旬，周围二十一亿六万三千六百由旬。南剡浮提日出时，北郁单越日没时，东弗婆提正中，西瞿耶尼正夜。是一天下四时由日得成。

从这段记载以及佛经中大量天文数据中，还可以看出所用的圆周率也正好是3。

根据这些记载，古代印度宇宙模型与《周髀算经》盖天宇宙模型实有惊人的相似之处，在细节上几乎处处吻合：

（1）两者的天、地都是圆形的平行平面。

（2）“璇玑”和“迷卢山”同样扮演了大地中央的“天柱”角色。

（3）周地和印度都被置于各自宇宙中大地的南半部分。

（4）“璇玑”和“迷卢山”的正上方皆为诸天体旋转的枢轴——北极。

（5）日月星辰在天上环绕北极作平面圆周运动。

（6）如果说印度迷卢山外的“七山七海”在数字上使人联想到《周髀算经》的“七衡六间”的话，那么印度宇宙中太阳天轮的180条轨道无论从性质还是功能来说都与七衡六间完全一致（太阳在七衡之间的往返也是每天连续移动的）。

（7）特别值得指出，《周髀算经》中天与地的距离是八万里，而迷卢山也是高出海上“八万由旬”，其上即诸天轮所在，是其天地距离恰好同为八万单位，难道纯属偶然？

（8）太阳光照都有一个极限，并且依赖这一点才能说明日出日落、四季昼夜长度变化等太阳视运动的有关天象。

（9）在天文计算中，皆取圆周率为3。

在人类文明发展史上，文化的多元自发生成是完全可能的，因此许多不同文明中相似之处，也可能是偶然巧合。但是《周髀算经》的盖天宇宙模型与古代印度宇宙模型之间的相似程度实在太高——从整个格局到许多细节都一一吻合，如果仍用“偶然巧合”去解释，无论如何总显得过于勉强。

《周髀算经》中有相当于现代人熟知的关于地球上寒暑五带的知识。这是一个非常令人惊异的现象——因为这类知识是以往两千年间，中国传统天文学说中所没有而且不相信的。

这些知识在《周髀算经》中主要见于卷下：

> 极下不生万物，何以知之？……北极左右，夏有不释之冰。
>
> 中衡去周七万五千五百里。中衡左右，冬有不死之草，夏长之类。此阳彰阴微，故万物不死，五谷一岁再熟。
>
> 凡北极之左右，物有朝生暮获。

这里需要先作一些说明：

上引第二则中，所谓“中衡左右”即赵爽注文中所认为的“内衡之外，外衡之内”；这一区域正好对应于地球寒暑五带中的热带（南纬23°30′至北纬23°30′之间），尽管《周髀算经》中并无地球的观念。

上引第三则中，说北极左右“物有朝生暮获”，这必须联系到《周髀算经》盖天宇宙模型对于极昼、极夜现象的演绎和描述能力。圆形大地中央的“璇玑”之底面直径为23 000里，则半径为11 500里，而《周髀算经》所设定的太阳光芒向其四周照射的极限距离是167 000里；于是，每年从春分至秋分期间，在“璇玑”范围内将出现极昼——昼夜始终在阳光之下；而从秋分到春分期间则出现极夜——阳光在此期间的任何时刻都照射不到“璇玑”范围之内。这也就是赵爽注文中所说的“北极之下，从春分至秋分为昼，从秋分至春分为夜”，因为是以半年为昼、半年为夜。

《周髀算经》中上述关于寒暑五带的知识，其准确性是没有疑问的。然而这些知识却并不是以往两千年间中国传统天文学的组成部分。对于这一现象，可以从几方面来加以讨论。

首先，为《周髀算经》作注的赵爽，竟然就表示不相信书中的这些知识。例如对于北极附近“夏有不释之冰”，赵爽注称：“冰冻不解，是以推之，夏至之日外衡之下为冬矣，万物当死——此日远近为冬夏，非阴阳之气，爽或疑焉。”又如对于“冬有不死之草”“阳彰阴微”“五谷一岁再熟”的热带，赵爽表示“此欲以内衡之外、外衡之内，常为夏也。然其修广，爽未之前闻”——他从未听说过。我们从赵爽为《周髀算经》全书所作的注释来判断，他毫无疑问是那个时代够格的天文学家之一，为什么竟从未听说过这些寒暑五带知识？比较合理的解释似乎只能是：这些知识不是中国传统天文学体系的组成部分，所以对当时大部分中国天文学家来说，这些知识是新奇的、与旧有知识背景格格不入的，因而也是难以置信的。

其次，在古代中国居传统地位的天文学说——浑天说中，由于没有正确的地球概念，是不可能提出寒暑五带之类的问题来的。因此直到明朝末年，来华的耶稣会传教士在他们的中文著作中向中国读者介绍寒暑五带知识时，仍被中国人目为未之前闻的新奇学说。正是这些耶稣会传教士的中文著作才使中国学者接受了地球寒暑五带之说。而当清朝初年“西学中源”说甚嚣尘上时，梅文鼎等人为寒暑五带之说寻找中国源头，找到的正是《周髀算经》——他们认为是《周髀算经》等中国学说在上古时期传入西方，才教会了希腊人、罗马人和阿拉伯人掌握天文学知识的。

现在我们面临一系列尖锐的问题：

既然在浑天学说中因没有正确的地球概念而不可能提出寒暑五带的

问题，那么《周髀算经》中同样没有地球概念，何以却能记载这些知识？

如果说《周髀算经》的作者身处北温带之中，只是根据越向北越冷、越往南越热，就能推衍出北极“夏有不释之冰”、热带“五谷一岁再熟”之类的现象，那浑天家何以偏就不能？

再说赵爽为《周髀算经》作注，他总该是接受盖天学说之人，何以连他都对这些知识不能相信？

这样看来，有必要考虑这些知识来自异域的可能性。

大地为球形、地理经纬度、寒暑五带等知识，早在古希腊天文学家那里就已经系统完备，一直沿用至今。五带之说在亚里士多德著作中已经发端，至“地理学之父”埃拉托色尼（约前275—前194）的《地理学概论》中，已有完整的五带：南纬24°至北纬24°之间为热带，两极处各24°的区域为南、北寒带，南纬24°至66°和北纬24°至66°之间则为南、北温带。从年代上来说，古希腊天文学家确立这些知识早在《周髀算经》成书之前。《周髀算经》的作者有没有可能直接或间接地获得了古希腊人的这些知识呢？这确实是一个耐人寻味的问题。

以浑天学说为基础的传统中国天文学体系，完全属于赤道坐标系统。在此系统中，首先要确定观测地点所见的“北极出地”度数，即现代所说的当地地理纬度，由此建立起赤道坐标系。天球上的坐标系由二十八宿构成，其中入宿度相当于现代的赤经差，去极度相当于现代赤纬的余角，两者在性质和功能上都与现代的赤经、赤纬等价。与此赤道坐标系统相适应，古代中国的测角仪器，以浑仪为代表，也全是赤道式的。中国传统天文学的赤道特征，还引起近代西方学者的特别注意，因为从古代巴比伦和希腊以下，西方天文学在两千余年间一直是黄道系统，直到十六世纪晚期，才在欧洲出现重要的赤道式天文仪器，这还被认为是丹麦天文学家第谷（Tycho Brahe）的一大发明。因而在现代中外学者的研究中，传统中国天文学的赤道特征已是公认之事。

然而，在《周髀算经》全书中，却完全看不到赤道系统的特征。

首先，在《周髀算经》中，二十八宿被明确认为是沿着黄道排列的。这在《周髀算经》原文以及赵爽注文中都说得非常明白。《周髀算经》卷上云：

月之道常缘宿，日道亦与宿正。

此处赵爽注云：

内衡之南，外衡之北，圆而成规，以为黄道，二十八宿列焉。月之行也，一出一入，或表或里，五月二十三分月之二十一道一交，谓之合朔交会及月蚀相去之数，故曰“缘宿”也。日行黄道，以宿为正，故曰“宿正”。

根据上下文来分析，可知上述引文中的“黄道”，确实与现代天文学中的黄道完全相同——黄道本来就是根据太阳周年视运动的轨道定义的。而且，赵爽在《周髀算经》第六节“七衡图”下的注文中，又一次明确地说：

黄图画者，黄道也，二十八宿列焉，日月星辰躔焉。

日月所躔，当然是黄道（严格地说，月球的轨道白道与黄道之间有5°左右的小倾角，但古人论述时常省略此点）。

其次，在《周髀算经》中，测定二十八宿距星坐标的方案又是在地平坐标系中实施的。这个方案详载于《周髀算经》卷下第十节中。由于地平坐标系的基准面是观测者当地的地平面，因此坐标系中的坐标值将会随着地理纬度的变化而变化，地平坐标系的这一性质使得它不能应用于记录天体位置的星表。但是《周髀算经》中试图测定的二十八宿各宿距星之间的距度，正是一份记录天体位置的星表，故从现代天文学常识来看，《周髀算经》中上述测定方案是失败的。另外值得注意的一点是，《周髀算经》中提供的唯一一个二十八宿距度数值——牵牛距星的距度为8°，据研究却是袭自赤道坐标系的数值（按照《周髀算经》的地平方案此值应为6°）。

《周髀算经》在天球坐标问题上确实有很大的破绽：它既明确认为二十八宿是沿黄道排列的，却又试图在地平坐标系中测量其距度，而作为例子给出的唯一数值竟又是来自赤道系统。这一现象值得深思，在它背后可能隐藏着某些重要线索。

这里我们不妨顺便对黄道坐标问题再多谈几句。传统中国天学虽一直使用赤道坐标体系，却并非不知道黄道。黄道作为日月运行的轨道，只要天文学知识积累到一定程度，不可能不被知道。但是古代中国人却一直使用一种与西方不同的黄道坐标，现代学者称之为“伪黄道”。伪黄道虽然有着符合实际情况的黄道平面，却从来未能定义黄极。伪黄道利用从天球北极向南方延伸的赤经线与黄道面的相交点，来度量天体位置，这样所得之值与正确的黄经、黄纬都不相同。这一现象非常生动地说明了古代中国在几何学方面的落后。

反复研读《周髀算经》全书，给人以这样一种印象，即：它的作者除了具有中国传统天文学知识之外，还从别处获得了一些新的方法——最重要的就是古代希腊的公理化方法（《周髀算经》是中国古代唯一一次对公理化方法的认真实践），以及一些新的知识——比如印度式的宇宙结构、希腊式的寒暑五带知识之类。这些尚不知得自何处的新方法和新知识与中国传统天文学说不属于同一体系，然而作者显然又极为珍视它们，因此他竭力糅合二者，试图创造出一种中西合璧的新的天文学说。作者的这种努力在相当程度上可以说是成功的。《周髀算经》确实自成体系、自具特色，尽管也不可避免地有一些破绽。

那么，《周髀算经》的作者究竟是谁？他在构思、撰写《周髀算经》

时有过何种特殊的际遇?《周髀算经》中这些异域天文学成分究竟来自何处?……所有这些问题现在都还没有答案。相对于后来的三次中西方天文学交流的高潮,《周髀算经》与印度及希腊天文学的关系显得更特殊、更突兀。也许冰山的一角正是如此。

第二节 佛教东传带来的希腊—印度天文学

《周髀算经》中盖天宇宙模型与古代印度的宇宙模型如此相像,几乎可以肯定两者是同出一源的,尽管目前我们尚未发现两者之间相互传播的途径和过程。但是在另外一些传播事件中,则证据确凿,传播的途径和过程都很明确。不过我们在下面几节考察一个这样的例证之前,先要对古代印度天文学发展的时间表有一个大致的了解——在正确的时间背景之下,事件本身及其意义才更容易被理解。

一般认为,古代印度天文学可以分为如下五个时期:

一、吠陀天文学时期(约公元前1000—约公元前400)。这是印度本土天文学活跃的时期。主要表现为对各种各样时间周期(yuga)的认识,以及月站体系(naksatyas)的确立——月站的含义是每晚月亮到达之处,有点像中国古代的二十八宿体系。这些天文学内容主要记载在各种"吠陀"文献中。

二、巴比伦时期(约公元前400—公元200)。这一时期大量巴比伦的天文学知识传入印度,许多源自巴比伦的天文参数、数学模型(最有代表性的例证之一是巴比伦的"折线函数")、时间单位、天文仪器等出现在当时的梵文经典中。

三、希腊化巴比伦时期(约200—400)。巴比伦地区塞琉古王朝时期的天文学,经希腊人改编后,在这一时期传入印度,包括对行星运动的描述、有关日月交食和日影之长的几何计算等。

四、希腊时期(约400—1600)。发端于一种受亚里士多德主义影响的非托勒密传统的希腊天文学之传入，是为真正的希腊天文学传入印度之始。在希腊天文学的影响之下，印度天文学名家辈出，经典繁多，先后形成五大天文学派：

婆罗门学派（Brahmapaksa）

雅利安学派（Aryapaksa）

夜半学派（Ardharatikapaksa）

太阳学派（Saurapaksa）

象头学派（Gansapaksa）

五、伊斯兰时期（1600—1800）。顾名思义，是受伊斯兰天文学影响的时期。而伊斯兰天文学的远源，则仍是希腊。

在上面的时间表中，尽管后四个时期皆深受外来影响，但印度本土的天文学成分仍然一直存在。这就使得古代印度天文学扮演了这样一个角色：一方面它传入中土时有着明显的印度特色，另一方面却又能够从它那里找到巴比伦和希腊的源头。

佛经《七曜攘灾诀》，是一部公元九世纪由入华印度婆罗门僧人编撰的汉文星占学手册，也是世界上最古老的行星星历表之一。这一经品的身世不同凡响——它在古代东西方文化交流史上扮演了极为生动的角色，追溯起来饶有趣味。数十年前李约瑟就呼吁要对这一文献进行专题研究，他本人可能因专业局限力有未逮。后有日本学者矢野道雄对此进行过研究。钮卫星教授对《七曜攘灾诀》进行了全面研究，使这一珍贵文献的历史面目更清晰地呈现出来。

《七曜攘灾诀》的作者金俱吒，只能从经首题名处知道是“西天竺婆罗门僧”，在唐朝活动的时间约为公元九世纪上半叶。这一时期来华的印度、西域僧人，不少人在《宋高僧传》中有传，可惜其中没有金俱吒之传，其人的详细情形不得而知。

《七曜攘灾诀》撰成之后，并未能在中土保存传世。现今所能见到的文本，是靠日本僧人在唐代从中国“请”去而得以传抄流传下来的。当年日本僧人宗叡，于唐咸通三年（862）入唐求法，四年后返回，带去了大量佛教密宗的经典。密宗在唐代由中土传至日本，延续至今，即所谓“东密”。宗叡从中土带去的经典，有《新书写请来法门等目录》（即《请来录》）记载之，《七曜攘灾诀》即在其中。

现今各种比较常见的佛教《大藏经》中，唯日本的《大正新修大藏经》及民国初年修成的《频伽藏》中有《七曜攘灾诀》，两者可能来自同一母本（《频伽藏》虽修成于上海，但主要也是参考日本的《弘教藏》）。《大正藏》较晚出，其中已对经文中的错漏之处作了部分初步校注。经文卷末署有“长保元年三月五日”；“长保”为日本年号，长保元年即公元999年，此日期当是现存《七曜攘灾诀》所参照之母本抄录的年代。

《七曜攘灾诀》在日本流传的文本不止一种。《大正藏》本之末有日本丰山长谷寺沙门快道的题记，其中云：

> 宗叡《请来录》云：《七曜攘灾诀》一卷。见诸本题额在两处，云卷上卷中，而合为一册。今检校名山诸刹之本，文字写误不少，而不可读者多矣。更请求洛西仁和寺之藏本对考，非全无犹豫，粗标其异同于冠首，以授工寿梓。希寻善本点雌雄，令禳灾无差。时享和岁次壬戌仲夏月。

享和二年，岁次壬戌，即公元1802年。现在流行的《七曜攘灾诀》文本即快道点校刊刻之本。这一文本只有卷上和卷中，没有卷下。不过从卷上和卷中的内容看来，作为一种星占学手册已经完备，故卷下即或有之，也很可能只是附录之类，去之并不损害其完整性。

佛教密宗极重天学，盛行根据天上星宿之运行而施禳灾祈福之术。《七曜攘灾诀》，顾名思义，正是根据日、月和五大行星（即“七曜”）等星辰的运行来占灾、禳灾的星占学手册。

经文卷上一开头，就按照日、月、木星、火星、土星、金星、水星的顺序，将此七曜在一年不同季节中行至人的“命宫”（根据此人出生时刻定出的一片天区）所导致的吉凶，依次开列出来，称为“占灾攘之法”。举木星为例：

木星者东方苍帝之子，十二年一周天。所行至人命星：

春至人命星：大吉，合加官禄、得财物。

夏至人命星：合生好男女。

秋至人命星：其人多病及折伤。

冬至人命星：得财则大吉。

四季至人命星：其人合有虚消息及口舌起。

若至人命星起灾者，当画一神形，形如人，人身龙头，着天衣随四季色，当项带之；若过其命宫宿，弃于丘井中，大吉。

接下来，是“七曜旁通九执至行年法”，北斗七星和九曜的“念诵真言”，以及“一切如来说破一切宿曜障吉祥真言”。九执、九曜，意义相同，皆指日月五星再加上罗睺、计都这两个“隐曜”——此两曜是《七曜攘灾诀》中的大节目，留待下文再论。

密宗自中土传入日本后，经过一二百年的酝酿发展，声势渐大，至公元1000年左右已经流传甚广。《大正藏》中的《七曜攘灾诀》文本正是极好的历史见证：经中的星历表是一种可以循环使用的周期性工具，现今的文本上已被标注了许多日本年号以及纪年干支，年号有二十七种之多，最早者为公元973年，最晚者为公元1132年；连续的纪年干支更延续到1170年。标注年号和干支是《七曜攘灾诀》作为星占学手册被频繁使用的需要和结果。

《七曜攘灾诀》的主体，实际上是一系列星历表。星历表是根据天体的运行规律，选择一定的时段作为一个周期，然后详细列出该天体在这一周期之内的视运动变化情况。这样，从理论上说，当周期终了时，天体运行又将开始重复周期开头的状况，如此循环往复，星历表可以长期使用。对于行星而言，通常首先被考虑的是“会合周期”。在“会合周期”中，每个外行星的运行情况都被分成“顺行→留→逆行→留→顺行→伏”等阶段。举《七曜攘灾诀》对木星会合周期的描述为例：

> 木星……初晨见东方，六日行一度，一百一十四日顺行十九度；乃留而不行二十七日；遂逆行，七日半退一度，八十二日半退十一度；则又留二十七度；复顺行，一百一十四日行十九度而夕见；伏于西方；伏经三十二日又晨见如初。

这些描述和表达方式，都与中国当时的传统历法相似。

会合周期只是古人描述行星运动的小周期，小周期又可以组合成大周期——因为各行星的会合周期并非恰好等于一年，而描述天体运动又必须使用人间的年、月、日来作时间参照系，所以需要将小周期组合成整年数的较大周期。《七曜攘灾诀》对五大行星分别选定如下大周期：

木星：83 年（公元 794 — 877 年）

火星：79 年（公元 794 — 873 年）

土星：59 年（公元 794 — 853 年）

金星：8 年（公元 794 — 802 年）

水星：33 年（公元 794 — 827 年）

被选为历元的是唐德宗贞元十年（794），所有的周期都从这一年开始计算。在这些周期之内，《七曜攘灾诀》给出了相当详细的行星位置记录；有了这些记录，现代研究者根据天体力学的定律回推当时的实际天象，就可以检验《七曜攘灾诀》中星历表的精确程度。研究表明：从作为历元的公元 794 年开始，在第一个大周期中，星历表中各行星的位置与实际天象之间符合得很好。但在以后的大周期中，误差逐渐积累，精确程度就渐渐变差，这在古代本是难以避免之事。而从其上标注的日本年号和纪年干支来推测，使用《七曜攘灾诀》的日本星占学家似乎对这些误差不太在意——对于祈福禳灾来说，与实际天象之间的出入可以暂不理会。

《七曜攘灾诀》中星历表的特殊的科学史价值在于，迄今为止，这种逐年推算出行星位置的星历表在中国古代仍是仅见的两份之一。中国古代的传统是只给出行星在一个会合周期中的动态情况表，历代正史中《律历志》内的“步五星”，给出的都只是这种表。要想知道某时刻的行星位置，必须据此另加推算。马王堆帛书《五星占》或许可算一个这种推算的例子，但《五星占》给出的周期很短，且不完整。非常巧合的是，马王堆《五星占》中数据最完整丰富的金星，周期也是八年，与《七曜攘灾诀》中一样。

除了行星星历表，《七曜攘灾诀》中的另一重要部分是罗睺、计都星历表。这是印度古代天文学中两个假想天体，故谓之“隐曜”。《七曜攘灾诀》分别为它们选定了 93 年和 62 年的周期，选定的历元是元和元年（806）。

关于《七曜攘灾诀》中的罗睺、计都星历表，特别值得提出的是它们有助于澄清国内长期流传的一个误解。以往国内的权威论著，都将罗睺、计都理解为白道（月球运行的轨道）的升交点（白道由南向北穿越黄道之点）和降交点（白道由北向南穿越黄道之点）。这一误解虽然在中国古籍中不无原因可寻，却是完全违背古代印度天文学中罗睺、计都之本意的。加之流传甚广，而且几乎从未有不同的声音出现，故而误认不浅。而由《七曜攘灾诀》中所给此两假想天体的星历表以及有关说明，可以毫无疑问地确定：罗睺是白道的升交点，计都是白道的远地点（月球运行到离地最远之点）。

《七曜攘灾诀》出于来华的印度婆罗门僧人之手，所据却又并非仅是印度古代的天文学。《七曜攘灾诀》行星星历表中的外行星周期，其年数都是会合周期数与恒星周期数的线性组合（例如木星的83年=76会合周期+7恒星周期），这些数据都和古代印度天文学的婆罗门学派中Brahmagupta的著作（约成于公元七世纪）有渊源。而这类组合周期，正是塞琉古王朝（前312—前64）时期两河流域巴比伦天文学家所擅长的方法。印度天文学中的许多行星运动数据都有巴比伦渊源。

而且《七曜攘灾决》行星星历表在描述一个会合周期内行星运动情况时，是从行星初次在东方出现开始，这一做法与古代巴比伦、希腊、印度的做法完全一致;《七曜攘灾决》中一些有关数据，甚至在数值上也与印度古代传自巴比伦及希腊的天文学文献相符合。许多线索都清楚表明,《七曜攘灾决》有着如下的历史承传路线:

巴比伦→印度→中国→日本

这条路线东西万里，上下千年，确实是古代世界东西方科学文化交流史上一幕壮观的景象。

而且，上面这一幕景象并非孤立。在以往的研究中，我们已经考察了许多与此有关的事例。例如塞琉古王朝时期的巴比伦数理天文学，以折线函数、二次差分等数学方法为特征，其太阳运动理论、行星运动理论，以及天球坐标、月球运动、置闰周期、日长计算等等内容，都在中国隋唐之际的几部著名历法中出现了踪迹或相似之处。又如南朝何承天，曾与徐广和释慧严接触，并学习了印度天文历法，其《元嘉历》(443年）中有“以雨水为气初”“为五星各利后元”等项新颖改革，可以在印度天文历法中找到明确的对应做法。再如唐代有所谓“天竺三家”，皆为来华之印度天学家，或其法在唐代皇家天学机构中与中国官方历法参照使用，或其人在唐代皇家天学机构中世代袭任要职。这些事例共同构成了那个时代中西天文学交流的广阔背景。

第三节　元代与伊斯兰天文学的交流

随着横跨欧亚大陆的蒙古帝国兴起，多种民族和多种文化经历了一次整合，中外天文学交流又出现新的高潮。关于这一时期中国天文学与伊斯兰天文学之间的接触，中外学者虽曾有所论述，但其中不少具体问题尚缺乏明确的线索和结论。

首先应该考察耶律楚材与丘处机在中亚地区的天文活动。这一问题前贤似未曾注意过，其实意义十分重大。

耶律楚材（1190—1244）本为契丹人，辽朝皇室之直系子孙，先仕于金，后应召至蒙古，于1219年成为成吉思汗的星占学和医学顾问，随大军远征西域。在西征途中，他与伊斯兰天文学家就月食问题发生争论，《元史·耶律楚材传》载其事云：

> 西域历人奏五月望夜月当蚀。楚材曰否，卒不蚀。明年十月，楚材言月当蚀，西域人曰不蚀，至期果蚀八分。

此事发生于成吉思汗出发西征之第二年（1220），这可由《元史·历志一》中“庚辰岁，太祖西征，五月望，月蚀不效……”的记载推断出来。发生的地点为今乌兹别克斯坦境内的撒马尔罕（Samarkand），这可由耶律楚材自撰的西行记录《西游录》中的行踪推断出来。

耶律楚材在中国传统天文学方面造诣颇深。元初承用金代《大明历》，不久误差屡现，上述1220年“月蚀不效”即为一例。为此耶律楚材作《西征庚午元历》，其中首次处理了因地理经度之差造成的时间差，这或许可以看成西方天文学方法在中国传统天文体系中的影响之一例——因为地理经度差与时间差的问题在古希腊天文学中早已能够处理，在与古希腊天文学一脉相承的伊斯兰天文学中也是如此。

据另外的文献记载，耶律楚材本人也通晓伊斯兰历法。元陶宗仪《南村辍耕录》卷九“麻答把历”条云：

> 耶律文正工于星历、医卜、杂算、内算、音律、儒释、异国之书，

无不通究。常言西域历五星密于中国，乃作《麻答把历》，盖回鹘历名也。

联系到耶律楚材在与“西域历人”两次争论比试中都占上风一事，可以推想他对中国传统的天文学方法和伊斯兰天文学方法都有了解，故能知己知彼，稳操胜算。

约略与耶律楚材随成吉思汗西征的同时，另一位著名的历史人物丘处机（1148 — 1227）也正在他的中亚之行途中。他是奉召前去为成吉思汗讲道的。丘处机于1221年岁末到达撒马尔罕，几乎可以说与耶律楚材接踵而至。丘处机在该城与当地天文学家讨论了这年五月发生的日偏食（公历5月23日），《长春真人西游记》卷上载其事云：

至邪米思干（按：撒马尔罕）……时有算历者在旁，师（按：丘处机）因问五月朔日食事。其人云：“此中辰时至六分止。”师曰：“前在陆局河时，午刻见其食既；又西南至金山，人言巳时食至七分。此三处所见各不同。……以今料之，盖当其下即见其食既，在旁者则千里渐殊耳。正如以扇翳灯，扇影所及，无复光明，其旁渐远，则灯光渐多矣。”

丘处机此时已七十三岁高龄，在万里征途中仍不忘考察天文学问题，足见他在这方面兴趣之大。他对日食因地理位置不同而可见到不同食分的解释和比喻，也完全正确。

耶律楚材与丘处机都在撒马尔罕与当地天文学家接触和交流，这一事实看来并非偶然。一百五十年之后，此地成为新兴的帖木儿王朝的首都，到乌鲁伯格（Ulugh Beg）即位时，此地建起了规模宏大的天文台（1420年），乌鲁伯格亲自主持其事，通过观测，编算出著名的《乌鲁伯格天文表》——其中包括西方天文学史上自托勒密（Ptolemy）之后千余年间第一份独立的恒星表。故撒马尔罕当地，似乎长期存在着很强的天文学传统。

公元13世纪中叶，成吉思汗之孙旭烈兀（Hulagu，或作Hulegu）大举西征，于1258年攻陷巴格达，阿拔斯朝的哈里发政权崩溃，伊儿汗王朝勃然兴起。在著名伊斯兰学者纳速拉丁·图思（Nasir al-Din al-Tusi）的襄助之下，旭烈兀于武功极盛后大兴文治。伊儿汗朝的首都马拉盖（Maragha，今伊朗西北部大不里士城南）建起了当时世界第一流的天文台（1259年），设备精良，规模宏大，号称藏书四十余万卷。马拉盖天文台一度成为伊斯兰世界的学术中心，吸引了世界各国的学者前去从事研究工作。

被誉为科学史之父的萨顿博士（G.Sarton）在他的《科学史导论》中提出，马拉盖天文台上曾有一位中国学者参加工作；此后这一话题常被西方学者提起。但这位中国学者的姓名身世至今未能考证出来。萨顿之说，实出于多桑（C.M.D'Ohsson）《蒙古史》，此书中说曾有中国天文学家随旭烈兀至波斯，对马拉盖天文台上的中国学者则仅记下其姓名音译（Fao-moun-dji）。由于此人身世无法确知，其姓名究竟原是哪三个汉字也就只能依据译音推测，比如李约瑟著作中采用傅孟吉三字。

再追溯上去，多桑之说又是根据一部波斯文的编年史《达人的花园》而来。此书成于1317年，共分九卷，其八为《中国史》。书中有如下一段记载：

> 直到旭烈兀时代，他们（中国）的学者和天文学家才随同他一同来到此地（伊朗）。其中号称"先生"的屠密迟，学者纳速拉丁·图思奉旭烈兀命编《伊儿汗天文表》时曾从他学习中国的天文推步之术。又，当伊斯兰君主合赞汗（Ghazan Mahmud Khan）命令纂辑《被赞赏的合赞史》时，拉施德丁（Rashid al-Din）丞相召至中国学者名李大迟及倪克孙，他们两人都深通医学、天文及历史，而

且从中国随身带来各种这类书籍，并讲述中国纪年，年数及甲子是不确定的。

关于马拉盖天文台的中国学者，上面这段记载是现在所能找到的最早史料。“屠密迟”“李大迟”“倪克孙”都是根据波斯文音译悬拟的汉文姓名，具体为何人无法考知。“屠密迟”或当即前文的“傅孟吉”——编成《伊儿汗天文表》正是纳速拉丁·图思在马拉盖天文台所完成的最重要业绩；由此还可知《伊儿汗天文表》（又称《伊儿汗历数书》，波斯文原名作 Zij Il-Khani）中有着中国天文学家的重要贡献在内。这里我们总算看到了中西天文学交流史上一个“由东向西”的例子。

最后还可知，由于异国文字的辗转拼写，人名发音严重失真。要确切考证出“屠密迟”或“傅孟吉”究竟是谁，恐怕只能依赖汉文新史料的发现了。

李约瑟曾引用瓦格纳（Wagner）的记述，谈到昔日保存在俄国著名的普耳科沃天文台的两份手抄本天文学文献。两份抄本的内容是一样的，皆为从1204年开始的日、月、五大行星运行表，写就年代约在1261年。值得注意的是两份抄本一份为阿拉伯文（波斯文），一份则为汉文。1261年是忽必烈即位的第二年，李约瑟猜测这两份抄本可能是札马鲁丁和郭守敬合作的遗物。但因普耳科沃天文台在第二次世界大战中曾遭焚毁，李氏只能希望这些手抄本不致成为灰烬。

在此之前，萨顿曾披露了另一件这时期的双语天文学文献。这是由伊斯兰天文学家撒马尔罕第（Ata ibn Ahmad al-Samarqandi）于1326年为元朝一王子撰写的天文学著作，其中包括月球运动表。手稿原件现存巴黎，萨顿还发表了该件的部分书影，从中可见此件阿拉伯正文旁附有蒙文旁注，标题页则有汉文。此元朝的蒙古王子，据说是成吉思汗和忽必烈的直系后裔阿剌忒纳。

元世祖忽必烈登位后第七年（1266），伊斯兰天文学家札马鲁丁进献西域天文仪器七件。七仪的原名音译、意译、形制用途等皆载于《元史·天文志》，曾引起中外学者极大的研究兴趣。由于七仪实物早已不存，故对于各仪的性质用途等，学者们的意见并不完全一致。兹将七仪原名音译、意译（据《元史·天文志》）、哈特纳（W.Hartner）所定阿拉伯原文对音，并略述主要研究文献之结论，依次如下：

1. “咱秃哈剌吉（Dhatu al-halaq-i），汉言浑天仪也。”李约瑟认为是赤道式浑仪，中国学者认为应是黄道浑仪，是古希腊天文学中的经典观测仪器。

2. “咱秃朔八台（Dhatu’ sh-shu ‘batai），汉言测验周天星曜之器也。”中外学者都倾向于认为即托勒密（Ptolemy）在《至大论》（Almagest）中所说的长尺（Organon parallacticon）。

3. “鲁哈麻亦渺凹只（Rukhamah-i-mu ‘-wajja），汉言春秋分晷影堂。”用来测求春、秋分准确时刻的仪器，与一座密闭的屋子（仅在屋脊正东西方向开有一缝）连成整体。

4. “鲁哈麻亦木思塔余（Rukhamah-i-mustawiya），汉言冬夏至晷影堂也。”测求冬夏至准确时刻的仪器，与上仪相仿，也与一座屋子（屋脊正南北方向开缝）构成整体。

5. “苦来亦撒麻（Kura-i-sama），汉言混天图也。”中外学者皆无异议，即中国与西方古代都有的天球仪。

6. “苦来亦阿儿子（Kura-i-ard），汉言地理志也。”即地球仪，学者也无异议。

7. “兀速都儿剌（al-Usturlab），汉言定昼夜时刻之器也。”实即中世纪在阿拉伯世界与欧洲都十分流行的星盘（astrolabe）。

上述七仪中，第1、2、5、6皆为在古希腊天文学中即已成型并采用者，此后一直承传不绝，阿拉伯天文学家亦继承之；第3、4种有着非常明显的阿拉伯特色；第7种星盘，古希腊已有之，但后来成为中世纪阿拉伯天文学的特色之一——阿拉伯匠师制造的精美星盘久负盛名。有此渊源的七件仪器传入中土，意义当然非常重大。

札马鲁丁进献七仪之后四年，忽必烈下令在上都（今内蒙古多伦县东南境内）设立回回司天台，并令札马鲁丁领导司天台工作。及至元亡，明军攻占上都，将回回司天台主要人员征召至南京为明朝服务，但是该台上的仪器下落，却迄今未见记载。由于元大都太史院的仪器都曾运至南京，故有的学者推测上都回回司天台的西域仪器也可能曾有过类似经历。但据笔者的看法，两座晷影堂以及长尺之类，搬运迁徙的可能性恐怕非常之小。

这位札马鲁丁是何许人，学者们迄今所知甚少。国内学者基本上倾向于接受李约瑟的判断，认为札马鲁丁原是马拉盖天文台上的天文学家，奉旭烈兀汗或其继承人之派，来为元世祖忽必烈（系旭烈兀汗之兄）效力的。最近有一项研究则提出：札马鲁丁其人就是拉施特（即本文前面提到的“拉施德丁丞相”）《史集》（Jami ‘al-Tawarikh）中所说的Jamal al-Din（札马剌丁），此人于1249—1252年间来到中土，效力于蒙哥帐下，后来转而为忽必烈服务，忽必烈登大汗之位后，又将札马鲁丁派回伊儿汗国，去马拉盖天文台参观学习，至1267年方始带着马拉盖天文台上的新成果（七件西域仪器，还有《万年历》）回到忽必烈宫廷。

上都的回回司天台，既然与伊儿汗王朝的马拉盖天文台有亲缘关系，又由伊斯兰天文学家札马鲁丁领导，且专以进行伊斯兰天文学工作为任务，则它在伊斯兰天文学史上，无疑占有相当重要的地位——它可以被视为马拉盖天文台与后来帖木儿王朝的撒马尔罕天文台之间的中途站。而它在历史上华夏天文学与伊斯兰天文学交流方面的重要地位，只要指出下面这件事就足以见其一斑，事见《秘书监志》卷七：

> 至元十年闰六月十八日，太保传，奉圣旨：回回、汉儿两个司天台，都交秘书监管者。

两个所持天文学体系完全不同的天文台，由同一个上级行政机关——秘书监来领导，这在世界天文学史上也是极为罕见（如果不是仅见的话）的有趣现象。

可惜的是，对于这样一座具有特殊地位和意义的天文台，我们今天所知的情况却非常有限。在这些有限的信息中，特别值得注意的是《秘书监志》卷七中所记载的一份藏书书目——书目中的书籍都曾收藏在回回司天台中。数目中共有天文学著作 13 种：

1. 兀忽列的《四擘算法段数》十五部

2. 罕里速窟《允解算法段目》三部

3. 撒唯那罕答昔牙《诸般算法段目并仪式》十七部

4. 麦者思的《造司天仪式》十五部

5. 阿堪《诀断诸般灾福》

6. 蓝木立《占卜法度》

7. 麻塔合立《灾福正义》

8. 海牙剔《穷历法段数》七部

9. 呵些必牙《诸般算法》八部

10. 《积尺诸家历》四十八部

11. 速瓦里可瓦乞必《星纂》四部

12. 撒那的阿剌忒《造浑仪香漏》八部

13. 撒非那《诸般法度纂要》十二部

这里的“部”大体上应与中国古籍中的“卷”相当。第 5、6、7 三种的部数数目空缺。但由该项书目开头处“本台见合用经书一百九十五部”之语，以 195 部减去其余十种的部数总数，可知此三种书共有 58 部。

这些书用何种文字写成，尚未见明确记载。虽然不能完全排除它们是中文书籍的可能性，但我们认为它们更可能是波斯文或阿拉伯文的。它们很可能就是札马鲁丁从马拉盖天文台带来的。

上述书目中，书名取意译，人名用音译，皆很难确切还原成原文，因此这13种著作的证认工作迄今无大进展。方豪认为第一种就是著名的欧几里得（Euclides）《几何原本》，“十五部”之数也恰与《几何原本》的十五卷吻合，其说似乎可信。还有人认为第四种可能就是托勒密的《至大论》，恐不可信。因《造司天仪式》显然是讲天文仪器制造的，而《至大论》并非专讲仪器制造之书；且《至大论》全书13卷，也与此处“十五部”之数不合。

札马鲁丁进献七件西域仪器之后九年、上都回回司天台建成之后五年、回回司天台与汉儿司天台奉旨同由秘书监领导之后三年，中国历史上最伟大的天文学家之一郭守敬，奉命为汉儿司天台设计并建造一批天文仪器，三年后完成（1276 — 1279）。这批仪器中的简仪、仰仪、正方案、窥几等，颇多创新之处。

第四节　明清耶稣会士带来的欧洲天文学

一、传入中国的欧洲天文学内容

十六世纪末，耶稣会士开始进入中国，1582年利玛窦（Matteo Ricci，1552 — 1610）到达中国澳门，成为耶稣会在华传教事业的开创者。经过多年活动和许多挫折以及与中国各界人士的广泛接触之后，利氏找到了当时在中国顺利展开传教活动的有效方式，即所谓“学术传教”。1601年他获准朝见万历帝，并被允许居留京师，这标志着耶稣会士正式被中国上层社会所接纳，也标志着“学术传教”方针开始见效。

“学术传教”虽然常被归为利氏之功，但其实这一方针的提出是与耶稣会固有传统分不开的。耶稣会一贯极其重视教育，大量兴办各类学校，例如，在十七世纪二三十年代，耶稣会在意大利拿波里省就办有19所学校，在西西里省有18所，在威尼斯省有17所；而耶稣会士们更要接受严格的教育和训练，他们当中颇有非常优秀的学者。例如，利玛窦曾师从当时著名的数学和天文学家克拉维乌斯（Clavius）学习天文学，后者与开普勒、伽利略等皆为同事和朋友。又如后来成为清代第一任钦天监监正的汤若望（Johann Adam Schall von Bell，1592—1666），其师格林伯格（C.Grinberger）正是克拉维乌斯在罗马学院教授职位的后任。再如后来曾参与修撰《崇祯历书》的耶稣会士邓玉函（Johann Terrenz Schreck，1576—1630），本人就是猞猁学院（Accademia dei Lincei，意大利科学院的前身）院士，又与开普勒及伽利略（亦为猞猁学院院士）友善。正是耶稣会重视学术和教育的传统使得“学术传教”的提出和实施成为可能。

关于“学术传教”，还可以从一些来华耶稣会士的言论中增加理解。这里仅选择相距将近150年的两例——出自利玛窦和巴多明（D. Parrenin，1665—1741）之手，以见一斑：

> 一位知识分子的皈依，较许多一般教友更有价值，影响力也大。
>
> 为了赢得他们（主要是指中国的知识阶层）的注意，则必须在他们的思想中获得信任，通过他们大多不懂并以非常好奇的心情钻研的自然事物的知识而博得他们的尊重，再没有比这种办法更容易使他们倾向理解我们的基督教神圣真诠了。

如果刻意要作诛心之论，可以说来华耶稣会士所传播的科学技术知识只是诱饵；但从客观效果来看，“鱼”毕竟吃下了诱饵，这就不可能不对“鱼”产生作用。

天文学在古代中国主要不是作为一种自然科学学科，而是带有极其浓重的政治色彩。天文学首先是在政治上起作用——在上古时代，它曾是王权得以确立的基础；后来则长期成为王权的象征。直到明代中叶，除了皇家天学机构中的官员等少数人之外，对于一般军民人等而言，“私习天文”一直是大罪；在中国历史上持续了将近两千年的“私习天文”之厉禁，到明末才逐渐放开——而此时正是耶稣会士进入中国的前夜。

利玛窦入居京师之时，适逢明代官方历法《大统历》误差积累日益严重，预报天象屡次失误之时，明廷改历之议已持续多年。利玛窦了解这一情况之后，很快作出了参与改历工作的尝试，他在向万历帝“贡献方物”的表文中特别提出：

（他本人）天地图及度数，深测其秘；制器观象，考验日晷，并与中国古法吻合。倘蒙皇上不弃疏微，令臣得尽其愚，披露于至尊之前，斯又区区之大愿。

利玛窦这番自荐虽然未被理会，却是来华耶稣会士试图打通“通天捷径”——利用天文历法知识打通进入北京宫廷之路以利传教——的首次努力。

利玛窦对于“通天捷径”有非常明确的认识，他已能理解天文学在古代中国政治、文化中的特殊地位，因此他强烈要求罗马方面派遣精通天文学的耶稣会士来中国。他在致罗马的信件中说：

此事意义重大，有利传教，那就是派遣一位精通天文学的神父或修士前来中国服务。因为其它科技，如钟表、地球仪、几何学等，我皆略知一二，同时有许多这类书籍可供参考，但是中国人对之并不重视，而对行星的轨道、位置以及日、月食的推算却很重视，因为这对编纂历书非常重要。

我在中国利用世界地图、钟表、地球仪和其它著作，教导中国人，被他们视为世界上最伟大的数学家；……所以，我建议，如果能派一位天文学者来北京，可以把我们的历法由我译为中文，这件事对我并不难，这样我们会更获得中国人的尊敬。

利氏之意，是要特别加强来华耶稣会士中的天文学力量，以求锦上添花。事实上来华耶稣会士之中，包括利氏在内，不少人已经有相当高的天文学造诣——他们这方面的造诣已经使得不少中国官员十分倾倒，以致纷纷上书推荐耶稣会士参与修历。例如1610年钦天监五官正周子愚上书推荐庞迪我（Diego de Pantoja，1571—1618）、熊三拔（Sabatino de Ursis，1575—1620）可参与修历；1613年李之藻又上书推荐庞、熊、阳玛诺（Manuel Dias，1574—1659）、龙华民（Niccolo Longobardo，1559—1654），其言颇有代表性，见《明史·历志一》：

其所论天文历数，有中国昔贤所未及者，不徒论其度数，又能明其所以然之理。其所制窥天、窥日之器，种种精绝。

这些荐举，最终产生了作用。

崇祯二年（1629），钦天监官员用传统方法推算日食又一次失误，而徐光启用西方天文学方法推算却与实测完全吻合。于是崇祯帝下令设立"历局"，由徐光启领导，修撰新历。徐光启先后召请耶稣会士龙华民、邓玉函、汤若望和罗雅谷（Jacobus Rho，1592—1638）四人参与历局工作，于1629—1634年间编撰成著名的"欧洲古典天文学百科全书"《崇祯历书》。

《崇祯历书》卷帙庞大。其中"法原"即理论部分，占到全书篇幅的三分之一，系统介绍了西方古典天文学理论和方法，着重阐述了托勒密（Ptolemy）、哥白尼、第谷（Tycho）三人的工作；大体未超出开普勒行星运动三定律之前的水平，但也有少数更先进的内容。具体的计算和大量天文表则都以第谷体系为基础。《崇祯历书》中介绍和采用的天文学说及工作，究竟采自当时的何人何书，大部分已可明确考证出来；兹将已考定的著作开列如次：

第谷：

《新编天文学初阶》(*Astronomiae Instauratae Progymnasmata*, 1602)

《论天界之新现象》(*De Mundi*, 1588, 即来华耶稣会士笔下的《彗星解》)

《新天文学仪器》(*Astronomiae Instauratae Mechanica*, 1589)

《论新星》(*De Nova Stella*, 1573, 后全文重印于《初阶》中)

托勒密：

《至大论》(*Almagest*)

哥白尼：

《天体运行论》(*De Revolutionibus*, 1543)

开普勒：

《天文光学》(*Ad Vitellionem Paralipomena*, 1604)

《新天文学》(*Astronomia Nova*, 1609)

《宇宙和谐论》(*Harmonices Mundi*, 1619)

《哥白尼天文学纲要》(*Epitome Astronomiae Copernicanae*, 1618—1621)

伽利略：

《星际使者》(*Sidereus Nuntius*, 1610)

朗高蒙田纳斯(Longomontanus)：

《丹麦天文学》(*Astronomia Danica*, 1622, 第谷弟子阐述第谷学说之作)

普尔巴赫(Purbach)与雷吉奥蒙田纳斯(Regiomontanus)：

《托勒密至大论纲要》(*Epitoma Almagesti Ptolemaei*, 1496)

上述13种当年由耶稣会士“八万里梯山航海”携来中土、又在编撰《崇祯历书》时被参考引用的16、17世纪拉丁文天文学著作，有10种至今仍保存在北京的北堂藏书中。其中最晚的出版年份也在1622年，全在《崇祯历书》编撰工作开始之前。

《崇祯历书》在大量测算实例中虽然常将基于托勒密、哥白尼和第谷模型的测算方案依次列出，但并未正面介绍哥白尼的宇宙模型。以往通常认为，直到1760年耶稣会士蒋友仁（P. Michel Benoist）向乾隆进献《坤舆全图》，哥白尼学说才算进入中国。这种说法虽然大体上并不错，但是实际上耶稣会传教士们在蒋友仁之前也并未对哥白尼学说完全封锁，而是有所引用和介绍的。

《崇祯历书》基本上直接译用了《天体运行论》中的11章，引用了《天体运行论》中27项观测记录中的17项。对于哥白尼日心地动学说中的一些重要内容，《崇祯历书》也有所披露。例如“五纬历指”卷一关于地动有如下一段：

> 今在地面以上见诸星左行，亦非星之本行，盖星无昼夜一周之行，而地及气火通为一球自西徂东，日一周耳。如人行船，见岸树等，不觉己行而觉岸行；地以上人见诸星之西行，理亦如此，是则以地之一行免天上之多行，以地之小周免天上之大周也。

这段话几乎是直接译自《天体运行论》第1章第8节，是用地球自转来说明天球的周日视运动。这无疑是哥白尼学说中的重要内容。

不过《崇祯历书》虽然介绍了这一内容，却并不赞成，认为是“实非正解”，理由是：“在船如见岸行，曷不许在岸者得见船行乎？”这理由倒确实是站得住脚的——船岸之说只是关于运动相对性原理的比喻，却并不能构成对地动的证明。事实上，在撰写《崇祯历书》的年代，关于地球周年运动的确切证据还一个也未发现。

在《崇祯历书》编撰期间，徐光启、李天经（徐光启去世后由他接掌历局）等人就与保守派人士如冷守忠、魏文魁等反复争论。前者努力捍卫西法（即欧洲的数理天文学方法）的优越性，后者则力言西法之非而坚持主张用中国传统方法。《崇祯历书》修成之后，按理应当颁行天下，但由于保守派的激烈反对，又不断争论十年之久，不克颁行。

保守派反对颁行新历，主要的口实是怀疑新历的精确性。然而，不管他们反对西法的深层原因是什么，他们却始终与徐、李诸人一样同意用实际观测精度（即对天体位置的推算值与实际观测值之间的吻合程度）来检验各自天文学说的优劣。《明史·历志》中保留了当时双方八次较量的记录，实为不可多得的科学史、文化史史料。这些较量有着共同的模式：双方各自根据自己的天文学方法预先推算出天象出现的时刻、方位等，然后再在届时的实测中看谁"疏"（误差大）谁"密"（误差小）。涉及的天象包括日食、月食和行星运动等方面。此处仅列出这八次较量的年份和天象内容：

1629 年，日食。
1631 年，月食。
1634 年，木星运动。
1635 年，水星及木星运动。
1635 年，木星、火星及月亮位置。
1636 年，月食。
1637 年，日食。
1643 年，日食。

这八次较量的结果竟是 8∶0——中国的传统天文学方法"全军覆没"。其中三次发生于《崇祯历书》编成之前，五次发生于编成并"进呈御览"之后。到第七次时，崇祯帝"已深知西法之密"。最后一次较量的结果使他下了决心，“诏西法果密”，下令颁行天下。可惜此时明朝的末日已经来临，诏令也无法实施了。

耶稣会士们五年修历，十年努力，终于使崇祯帝确信西方天文学方法的优越。就在他们的“通天捷径”即将走通之际，却又遭遇“鼎革”之变，迫使他们面临新的选择。

崇祯十七年（1644）三月，李自成军进入北京，崇祯帝自缢。李自成旋为吴三桂与清朝联军所败。五月清军进入北京，大明王朝的灭亡已成定局。此时北京城中的耶稣会士汤若望面临重大抉择：怎样才能在此政权变局中保持乃至发展在华的传教事业？与一些继续同南明政权打交道的耶稣会士不同，汤若望很快抱定了与清政权全面合作的宗旨。谁能想到，修成十年后仍不得颁行、堪称命途多舛的《崇祯历书》，此时却成了上帝恩赐的礼物——成为汤若望献给迫切需要一部新历法来表征天命转移、“乾坤再造”的清政权的一份进见厚礼。汤若望将《崇祯历书》作了删改、补充和修订，献给清政府，得到采纳。并由顺治亲笔题名《西洋新法历书》，造历颁行于世。明朝在兵戈四起风雨飘摇的最后十几年间，犹能调动人力物力修成《崇祯历书》这样的科学巨著，本属难能可贵；然而修成却不能用之，最后竟成了为清朝准备的礼物。

汤若望因献历之功，再加上他的多方努力，遂被任命为钦天监负责人，开创了清朝任用耶稣会传教士掌管钦天监的将近二百年之久的传统。汤若望等人当年参与修历，最根本的宗旨本来就是“弘教”；鼎革之际，汤若望因势利导，终于实现了利玛窦生前利用天文学知识打入北京宫廷的设想。汤若望本人极善于在宫廷和贵族之间周旋，明末时他任耶稣会北京教区区长，就在明宫中广泛发展信徒，信教者有皇族一百四十人、贵妇五十人、太监五十余人。入清之后，汤若望大受顺治帝宠信。顺治常称他为“玛法”，“玛法”在满语中是“爷爷”之意，这是因汤若望曾治愈了孝庄皇太后之病，太后认他为义父之故。即此一端，已不难想见汤若望在顺治宫廷中“弘教”之大概。

此后北京城里的钦天监一直是来华耶稣会士最重要的据点。加之汤若望大获顺治帝的尊敬与恩宠，在后妃、王公、大臣等群体中也有许多好友。这一切为传教事业带来的助益是难以衡量的。

汤若望晚年遭逢“历狱”，几乎被杀，不久病死。他实际上是保守派最后一次向西方天文学发难的牺牲品。关于此事已有许多学者作过论述。在他去世后不久，冤狱即获得平反昭雪，由耶稣会士南怀仁（Ferdinand Verbiest，1623—1688）继任钦天监监正。康熙帝热衷于天文历算等西方科学，常召耶稣会士入宫进讲，使得耶稣会士们又经历了一段亲侍至尊的“弘教蜜月”。此后耶稣会士在北京宫廷中所受的礼遇虽未再有顺治、康熙两朝的盛况，但西方天文学理论和方法作为“钦定”官方天文学的地位，却一直保持到清朝结束。“西法”则成为清代几乎所有学习天文学的中国人士的必修科目。

天文学是古代中国社会中具有特殊神圣地位的学问，在这样的学问上使用西法，任用西人，无疑有着极大的象征意义和示范作用。可以说，正是在天文学的旗帜之下，西方一系列与科学技术有关的思想、观念和方法才得以在明清之际进入中国。而且其中有些确实被接受和采纳，并产生了相当深刻的影响。

《崇祯历书》在徐光启、李天经的先后督修之下，分五次将完成之著作进呈崇祯帝御览，共计 44 种 137 卷。《崇祯历书》在明末虽未被颁行，但已有刊本行世，通常称为明刊本。清军入北京时，汤若望处就存有明刊本的版片，他称之为“小板”。经汤若望修订的《西洋新法历书》，在清代多次刊刻，版本颇多，较为完善而又有代表性的，一为今北京故宫博物院所藏顺治二年刊本（以下简称顺治本），一为美国国会图书馆藏本，王重民据其中汤若望的赐号“通玄教师”之“玄”已为避康熙之讳而挖改为“微”，断定为康熙年间刊本（以下简称康熙本）。汤若望对《崇祯历书》所作的修订，主要有两个方面：

一是删并。《西洋新法历书》顺治本仅 28 种，康熙本更仅为 27 种 90

卷。删并主要是针对各种天文表进行的，而对于《崇祯历书》的天文学理论部分(日躔历指、月离历指、恒星历指、交食历指、五纬［即行星］历指)，几乎只字未改。

二是增加新的作品。《西洋新法历书》中增入的新作品，大都篇幅较小，多数为汤若望自撰，亦有他人著作，如《几何要法》题“艾儒略（J. Aleni）口述，瞿式谷笔受”；以及昔日历局之旧著，如《浑天仪说》题“汤若望撰，罗雅谷订”。由于《西洋新法历书》的顺治本和康熙本皆非常见之书，这里特将其中较《崇祯历书》新增作品列出一览表如下：

表8-1 《西洋新法历书》顺治本、康熙本与《崇祯历书》对照表

著作名称	卷数	顺治本	康熙本
历疏	2	*	
治历缘起	8	*	*
新历晓惑	1	*	
新法历引	1	*	*
测食略	2	*	*
学历小辩	1	*	*
远镜说	1	*	*
几何要法	4	*	*
浑天仪说	5	*	*
筹算	1	*	*
黄赤正球	2	*	*
历法西传	1		*
新法表异	2		*

注：＊表示左起第一栏的著作出现在该版本中。

若就客观效果而言，汤若望的修订确实使得《西洋新法历书》较之《崇祯历书》显得更紧凑而完备。同时，却也无可讳言，增入近十种汤若望自撰的小篇幅著作，就会使读者在浏览目录时（权贵们不可能去详细阅读这本巨著中的内容，他们至多只能是翻翻目录而已），留下一个汤若望在这部巨著中占有极大分量的印象。尽管汤若望本来就是《崇祯历书》最重要的两个编撰者之一，但他在将《崇祯历书》作为进见之礼献给清政府时作这样的改编，当然不能说他毫无挟书自重的机心。

二、西方天文学在明清之际的影响

考虑明清之际西方天文学东渐的历史背景时，还有一个方面应该加以注意，即明末有所谓“实学思潮”——这是现代人的措辞。明代士大夫久处承平之世，优游疏放，醉心于各种物质和精神的享受之中，多不以富国强兵、办理实事为己任，徐光启抨击他们“土苴天下之实事”，正是对此而发。现代论者常将这一现象归咎于陆、王“心学”之盛行——当然这是一个未可轻下的论断，也非本书所拟讨论。

即使从较积极的方面去看，明儒过分热衷于道德、精神方面的讲求，对于明王朝末年所面临的内忧外患来说确实于事无补。就是“东林”“复社”的政党式活动，敢于声讨恶势力固然可敬，却也仍不免被梁启超讥为“其实不过王阳明这面大旗底下一群八股先生和魏忠贤那面大旗底下一群八股先生打架”——盖讥其迂腐无补于世事也。至于颜元（习斋）的名言“无事袖手谈心性，临危一死报君王”，尤能反映明儒自以为“谈心性”就是对社会作贡献——所谓有益于世道人心，而临危之时则只有一死之拙技的可笑精神面貌。

在另一方面，当明王朝末年陷入内忧外患的困境中时，士大夫中也已经有人认识到徒托空言的“袖手谈心性”无助于挽救危亡，因而以办实事、讲实学为号召，并能身体力行。徐光启就是这样的代表人物，可惜有心报国，无力回天，赍志而殁。

及至清军入关，铁骑纵横，血火开道，明朝土崩瓦解，优游林泉空谈心性的士大夫一朝变为亡国奴，这才从迷梦中惊醒，他们当中一些人开始发出深刻的反省。所谓明末的“实学思潮”，大体由此而起，其代表人物则主要是明朝的遗民学者。梁启超论此事云：

这些学者虽生长在阳明学派空气之下，因为时势突变，他们的思想也象蚕蛾一般，经蜕化而得一新生命。他们对于明朝之亡，认为是学者社会的大耻辱大罪责，于是抛弃明心见性的空谈，专讲经世致用的实务。他们不是为学问而做学问，是为政治而做学问。他们许多人都是把半生涯送在悲惨困苦的政治活动中，所做学问，原想用来做新政治建设的准备；到政治完全绝望，不得已才做学者生活。

这类学者中最著名的有顾炎武、黄宗羲、王夫之、朱舜水等人，前面三人常被合称为“三先生”，俨然成为明清之际一部分知识分子的精神领袖——因坚持不与清朝合作、保持遗民身份而受人尊敬，同时又因讲求实学而成为大学者。

明清之际一些讲求“实学”（现代人似乎主要是因为其中涉及科学技术才喜欢用此称呼）的学者，如顾、黄、王，以及方以智等，有时也被现代学者称为“启蒙学者”，这种说法容易引起一些问题，此处姑不深论。不过这些学者的出现和他们的工作确实为中国的科学思想进入一个新阶段做好了准备。

明清之际又有所谓“西学中源”说，认为欧洲的天文学其实都是从中国古代源头上成长起来的，是中国古代学说传到西方以后重新发展起来的。这个说法最初从明朝遗民那里出现，比如王锡阐，后来康熙大力提倡这种说法，这个说法在明清两朝被很多中国士大夫所接受。这个说法在事实上无法成立。但是当时这么说，能够让更多的中国人接受西方的方法和工具。既然本来就是老祖宗的东西，“礼失求诸野”，古代的那套东西一部分传到西方，他们把它发展了，但其实还是我们的东西。这样的说法能够给自己提供精神安慰，对于学习西方来说，思想上的障碍也可以消除。从明末开始，“私习天文”就合法化了，民间都可以学，民间的大部分人确实也都是学习《崇祯历书》中的欧洲天文学。

至于“中学为体，西学为用”的说法，虽是晚清才出现的，但事实上古代中国人一直是这样做的。西方天学不断输入中国，中国人一直是把西方传来的方法当作辅助工具。唐代将印度天文学方法“与大术相参供奉”，我们本土的方法是“大术”，正大之术，外来的东西是偏门，我们可以参考采纳。

“中学为体”的“体”其实不光是“主体”的意思，它又是一个性质问题。以钦天监为例，钦天监是皇家的天学机构，从顺治开始由耶稣会士担任钦天监负责人，它有两个监正：满监正由满族人担任，有点类似于现在的党委书记，管政治上的事情；耶稣会士担任的监正类似于天文台台长，是技术上的领导。

但即使耶稣会士领导着钦天监，钦天监的性质也没有改变，钦天监继续编皇历——清朝叫《时宪书》，清代钦天监用欧洲天文学方法来编皇历，也仍然为皇家履行着各种择吉、算命的职责。他们只是把欧洲天文学当作一个新的、精度更高的工具来使用，他们工作的“政治巫术”性质是不变的。

主要人名索引

T

W

X

Y

Z

重要词语索引

R

S

T

W

X

Y

Z

图书在版编目(CIP)数据

中国天学思想史/江晓原，汪小虎著. —南京：南京大学出版社，2020.1(2023.3 重印)

(中国学术思想史/蒋广学主编)

ISBN 978-7-305-22770-7

Ⅰ. ①中… Ⅱ. ①江… ②汪… Ⅲ. ①天文学史—思想史—中国—古代 Ⅳ. ①P1-092

中国版本图书馆 CIP 数据核字(2019)第 295473 号

出版发行 南京大学出版社
社　　址 南京市汉口路 22 号　　邮　编 210093
出 版 人 金鑫荣

中国学术思想史
蒋广学 主编
中国天学思想史
江晓原　汪小虎　著
责任编辑 臧利娟
装帧设计 赵　秦
封底篆刻 阎明罡

照　　排 南京紫藤制版印务中心
印　　刷 南京爱德印刷有限公司
开　　本 787×1092 1/16 印张 17 字数 235 千
版　　次 2020 年 1 月第 1 版 2023 年 3 月第 2 次印刷
ISBN 978-7-305-22770-7
定　　价 85.00 元

网　　址 http://www.njupco.com
官方微博 http://weibo.com/njupco
官方微信 njupress
销售咨询 (025)83594756

ISBN 978-7-305-22770-7